Die Kreiszahl Pi

**Eine lange Tradition mit einer großen Bedeutung.
Veränderung der Welt.
Real oder reine menschliche Geistesleistung?**

Ralf Wuchner

Die Kreiszahl Pi

Druck und Distribution im Auftrag des Autors:
tredition GmbH, Heinz-Beusen-Stieg 5, 22926 Ahrensburg, Germany

INHALTSVERZEICHNIS

LITERATURVERZEICHNIS

Monographien

1. **Enzensberger**, Hans Magnus: Der Zahlenteufel. Ein Kopfkissenbuch für alle, die Angst vor der Mathematik haben, München: Carl Hanser Verlag München Wien, 1997

2. **Arndt**, Jörg; Haenel, Christoph: Pi. Algorithmen, Computer, Arithmetik. Mit CD-ROM, Berlin: Springer-Verlag Berlin Heidelberg New York, 1998

3. **Berggren**, Lennart; Borwein, Jonathan; Borwein, Peter: Pi: A Source Book, New York: Springer-Verlag Berlin Heidelberg New York, 1997

4. **Beckmann**, Petr: A history of π, New York: St. Martin's Press USA, 1971

5. **Engel**, Arthur: Elementarmathematik vom algorithmischen Standpunkt, 1.Aufl. – Stuttgart: Klett-Verlag, 1977

6. **Drinfel'd**, G.I.: Quadratur des Kreises und Transzendenz von π., Übersetzung aus dem Russischen – Berlin: VEB Deutscher Verlag der Wissenschaften, 1980

7. **Courant**, Richard; Robbins, Herbert: Was ist Mathematik, 3-Aufl. – Berlin: Springer-Verlag Berlin Heidelberg New York, 1973

8. **Mäder**, Peter: Mathematik hat Geschichte, Hannover: Metzler Schulbuchverlag GmbH, 1992

9. Mathematik für Lehrer der Sekundarstufe 1/Hauptschule. Ein Fernstudiengang. HE 6 Geometrie, Teil 4. Berechnungen an ebenen und räumlichen Figuren, Tübingen: Deutsches Institut für Fernstudien an der Universität Tübingen, 1979

10. **Peitgen**, Heinz-Otto; Jürgens, Hartmut; Saupe, Dietmar: Bausteine des Chaos. Fraktale, 1-Aufl. – Berlin: Springer-Verlag Berlin; Heidelberg; NewYork, Stuttgart: Klett-Cotta, 1992. S.182-189

11. **Scheid**, Harald: Elemente der Geometrie, Mannheim: 1 Aufl. - BI-Wissenschafts-Verlag Mannheim, Wien, Zürich, 1991. S. 85-90

12. **Gnädinger**, Franz: Im Haus des Seschat.

13. **Fischer**, Claudia: Die Zahl π und ihre Behandlung in der Realschule. Wissenschaftliche Hausarbeit, Freiburg 1994

14. **Lörcher**, Gustav Adolf: Fachliche Grundlagen des 9/10 Schuljahres II. Unveröffentlichtes Skript, Wintersemester 1997/98

15. **Blatner**, David: The joy of π., England: 2 Aufl. - Penguin Books, 1998

16. **Ebbinhaus**, H.D.: Zahlen. 3-Aufl. - Berlin: Springer-Verlag Berlin; Heidelberg; NewYork, 1992. S.100-125

17. **Meschkowski**, Herbert: Mathematik verständlich dargestellt, 1.Aufl. - Wiesbaden: VMA-Verlag, 1997. S. 150-153

18. **Schwartze,** Heinz: Elementarmathematik aus didaktischer Sicht, 1.Aufl. - Bochum: Kamp-Verlag, 1984. 198-212

Schulbücher

1. **Schnittpunkt**. Mathematik für Realschulen Baden-Württemberg. 9: Käßmann, D.; Maroska, R.; Olpp, A.; Stückle, C. 1-Aufl. - Stuttgart: Klett-Verlag, 1991. S.130-146

2. **Mathematik 8**: Hrsg. Kahle, D.; Lörcher, Adolf. 1-Aufl. - Braunschweig: Westermann-Verlag, 1984

3. **Mathematik 9**: Hrsg. Kahle, D.; Lörcher, Adolf. 1-Aufl. - Braunschweig: Westermann-Verlag, 1984.

4. **Gamma 9**.Mathematik Realschule Baden-Württemberg. Lehrerband: Hayen, j.; Vollrath, H.J.; Weidig, J. 1-Aufl. - Stuttgart: Klett-Verlag, 1988. S.126-138

5. **Einblicke** Mathematik 8. Lehrerband: Becherer, Joachim. 1-Aufl. - Stuttgart: Klett-Schulbuchverlag, 1995. S.86-94

6. **Einblicke** Mathematik 9. Lehrerband: Becherer, Joachim. 1-Aufl. - Stuttgart: Klett-Schulbuchverlag, 1995. S. 94

7. **Lernstufen** Mathematik. Hauptschule Baden-Württemberg 8: Hrsg. Leppig, Manfred. 1-Aufl. Berlin: Cornelsen-Verlag, 1994. S.74-81

8. **Lambacher Schweizer 10**. Mathematisches Unterrichtswerk für das Gymnasium Baden-Württemberg: Hrsg. Schmid, August. 1-Aufl. - Stuttgart: Klett-Verlag, 1996. S.74-91

9. **Mathematik**. 10 Schuljahr Baden-Württemberg: Hrsg. Kuppers, W.; Lauter, J.; Wuttke, H. 1-Aufl. - Berlin: Cornelsen-Verlag 1996. S.184-209

10. **Lambacher** Schweizer Mathematik. Geometrie 2: Hrsg. Schmid, August; Schweizer, Wilhelm. 1-Aufl. - Stuttgart: Klett-Verlag, 1996. S.241-252

11. **Mat(h)erialien**. Handbuch für Lehrerinnen und Lehrer. 7-10 Geometrie: Hrsg. Schröder, Max; Wurl, Bernd. Hannover: Schroedel Schulbuchverlag, 1996. S.158-172

Zeitschriftenaufsätze

12. **Pickert, G.**: Der Näherungswert 3 für Pi. *In:* Praxis der Mathematik, 40 (1998) 3, S. 112

13. **Hechinger, T**: Die Leibnizsche Reihe zur Berechnung von Pi. *In:* Praxis der Mathematik, 40 (1998) 3, S. 133

14. **Hechinger, T**.: Das Vieta-Produkt von Pi - eine elementare Herleitung: *In* Praxis der Mathematik, 39 (1997) 1, S. 16-17

15. **Roettel, Karl**: Näherungskonstruktion für Pi bei Nicolaus Cusanus

    In: Praxis der Mathematik, 39 (1997) 5, S. 199-202

16. **Scheu, Guenter**: Berechnungen von Intervallschachtelungen für die Kreiszahl Pi mit DERIVE. *In:* Der mathematische und naturwissenschaftliche Unterricht, 46 (1993) 5, S. 291-294

17. **Brockmeyer, H.**: Pi-Bestimmung mit Hilfe des Polygonzugverfahrens.

    In: Praxis der Mathematik, 35 (1993) 3, S. 119-120

18. **Caspar, H**. J.: Ueber 200 Stellen von Pi in weniger als zweieinhalb Minuten. *In:* Praxis der Mathematik, 34 (1992) 5, S. 223-225

19. **Keller, Horst v.**: Die Zahl Pi ist irrational. *In:* Praxis der Mathematik, 33 (1991) 6, S. 244-246

20. **Hoefer, Ernst**: Pi und der Computer in der Hauptschule. *In:* Mathematische Unterrichtspraxis, 9 (1988) 1, S. 35-47

21. **Krueger, Karl-Heinz**: Berechnung von E und Pi auf beliebig viele Stellen genau. *In:* Der mathematische und naturwissenschaftliche Unterricht, 40 (1987) 8, S. 474-476

22. **Blendin, Wolfram**: Eine Abschätzung für Pi (x). *In:* Praxis der Mathematik, 28 (1986) 1, S. 19-22

23. **Fisbach, Helmut**: Elementare Näherung der Zahl Pi aus Umfang und Durchmesser Regelmaessiger n-Ecke. *In:* Mathematik lehren, (1985) 13, S. 12-13

24. **Vetter, Gisela**: Vier Verfahren zur näherungsweisen Berechnung der Zahl Pi. *In:* Mathematik in der Schule, 23 (1985) 11, S. 750-758 u.12, S. 831-838

25. **Sieber, Helmut**: Die Berechnung von Pi nach Legendre. *In:* Praxis der Mathematik, 22 (1980) 12, S. 357-364

26. **Poppe, Christoph**: Mathematische Unterhaltung *In*: Spektrum der Wissenschaft, (1997) 5, S. 10-14

27. **Borwein, Jonath, Borwein, Peter**: Srinivasa Ramanujan und die Zahl Pi. *In*: Spektrum der Wissenschaft, (1988) 4, S. 96-103

28. **Mathematisches Kabinett**: Die Quadratur des Kreises: >nicht ganz< unmöglich. *In*: Bild der Wissenschaft, (1983) 6, S. 134-135

29. **Fischer, Uwe**: Eine "Reuse" für die Zahl Pi. *In:* Der mathematische und naturwissenschaftliche Unterricht, 42 (1989) 7, S. 396-397

1. EINLEITUNG

„ - Das sind ja lauter Torten, rief Robert.

- Pscht! Nicht so laut, mein Junge. Wir essen hier nur Torten, weil Torten rund sind und weil der Kreis die vollkommenste aller Figuren ist. Probier mal.

Robert hatte noch nie etwas so Köstliches gegessen.

- Wenn du wissen willst, wie groß eine solche Torte ist, wie fängst du das an?

- Weiß ich nicht. Das hast du mir nicht erzählt, und in der Schule sind wir immer noch bei den Brezeln.

- Dazu brauchst du eine unvernünftige Zahl, und zwar die wichtigste von allen. Der Herr da ganz oben am Tisch hat sie vor mehr als zweitausend Jahren entdeckt. Einer von den Griechen. Wenn wir den nicht hätten, wüssten wir womöglich bis heute nicht genau, wie groß eine Torte ist, oder unsere Räder, unsere Ringe und unsere Öltanks. Einfach alles, was kreisrund ist. Sogar der Mond und unsere Erdkugel. Ohne die Zahl Pi ist da nichts zu machen."[1]

Mit diesem kleinen Ausschnitt aus Roberts Ausflug in den „langgestreckten, prachtvollen Palast" im Zahlenhimmel, in dem nach Aussage des alten Zahlenteufels jeder reinkommt, „der wirklich will", will ich einen der vielen Räume des Palastes näher ausleuchten, auf dessen Türe steht:

Die Zahl π

Gleich zu Beginn stellt sich mir die Frage, warum ich mich mit diesem Thema beschäftigen soll und wozu dieses Thema für die Schule relevant und interessant sei. Der Zahlenteufel gibt dazu eine kurze und einleuchtende Begründung. Mit der klassischen geometrischen Definition Pi = Umfang eines Kreises/Durchmesser des Kreises und der äquivalenten Definition Pi = Fläche eines Kreises/ Radius des Kreises ins Quadrat lässt sich die Zahl mit dem Durchmesser 1 über verschiedene Methoden bestimmen und dadurch alle notwendigen Kreisberechnungen und später auch Kugelberechnungen (sowie Rotationskörper auf analytischem Wege) durchführen.

Flächen- und Volumenberechnungen spielen hauptsächlich in handwerklichen Berufen eine Rolle. Dort ist die Anwendung von Wissen und das Erkennen von Problemlösungen wichtig. Wozu dann eine nähere Behandlung einer aus dieser Sicht 'belanglosen' Zahl, wo sie zudem in jedem Taschenrechner gespeichert für uns abrufbereit ist. Im Lehrplan der Realschule steht in der LPE 3 ‚Kreis, Zylinder und Kugel' folgendes Ziel: „Die Schülerinnen und Schüler lernen, Kreise zu berechnen und lernen Pi als reelle Zahl kennen. Als Inhalte sind angeführt Kreis, Umfang und Flächeninhalt, Kreisbogen und Kreisausschnitt mit dem Hinweis, dass ‚die Zahl Pi über verschiedene Verfahren ermittelt werden kann'. Sie übertragen ihr Wissen über Prismen auf Zylinder."

In der durchgesehenen Literatur fand ich keine übergeordneten Argumente, warum man in der Schule 'näher' auf die Zahl Pi eingehen sollte. In meiner Arbeit über dieses Thema habe ich weitere, über den Lehrplan hinausgehende Argumente für die Behandlung dieser Zahl gefunden. Das einzige

---

[1] **Enzensberger**: Der Zahlenteufel, S.246

Gegenargument ist die Zeit, die von vielen für andere, prüfungsrelevante Inhalte genutzt wird. Möglicherweise gelingt es mir, jene auf dieses Thema und seinen Möglichkeiten, aufmerksam zu machen.

1. In einer durchschnittlichen Klasse kann man durchaus die approximativen Methoden des Archimedes, Cusanus oder Gnädinger vorstellen oder als Aufgabe problematisieren, da sie lediglich die Strahlensätze und den Satz des Pythagoras verwenden. Dabei kann man nur einen Teil der Methode problematisieren und ergänzend Informationen weitergeben oder selbst unter Anleitung suchen lassen.

2. Das Internet bietet mittlerweile aufgrund der Faszination dieser Zahl und ihrer Interessenten (warum wohl !?) so viele Möglichkeiten an, so dass es eine versäumte Gelegenheit wäre, den Schülern den Nutzen des Internets für die Schule an diesem Beispiel nicht zu zeigen. Es werden neben Informationen zu neuen Rekorden und vielen anderen Informationen (man vergleiche die angeführten Medien) interaktive Spiele und Aktivitäten angeboten.

3. Pi hat viele Gesichter: Neben den geometrischen, algebraischen ($9\pi^4-240\pi^2+1492$ ungefähr 0), nicht zuletzt für das Gymnasium analytischen, der Möglichkeit zu Konzentrations- und Gedächtnisübung hat sie eine eigene Biographie. Sie bietet einen tiefergehenden Einblick in die lange Geschichte der Mathematik. Viele Menschen erkennen die Bedeutung der Mathematik in unserer Zeit, doch wird sie nicht zur Allgemeinbildung gerechnet.[2] Kaiser und Nöbauer stellen fest, dass „dieses Fach in der Rückschau, vielen als starres und dürres Gebilde erscheinen lässt, welches mit unserer Kultur kaum etwas zu tun hat. Die bedeutende Rolle der Mathematik bei der Entstehung der heutigen Zivilisation und Kultur hingegen macht unser Mathematikunterricht kaum bewusst (und unser Geschichtsunterricht noch weniger)."[3]

Fachwissenschaftlich ist diese Zahl heute noch von großem Interesse und Bedeutung, obwohl für fast alle Berechnungen die ersten 40 Dezimalstellen ausreichen und viele Fragen schon beantwortet worden sind:

Der Zahlentheoretiker fragt sich, ob Pi normal ist, d.h. ob irgendeine Ordnung in Pi's Dezimalbruchentwicklung vorhanden ist, oder ob diese zufällig ist, obwohl jede einzelne Ziffer dieser Entwicklung durch die Definition festgelegt ist.

Numeriker versuchen immer schneller konvergierende Algorithmen für die Berechnung von Pi zu entwickeln, bis hin zur Seilbahnmethode, wonach man bei einer neuen Berechnung nicht von vorne, sondern von einer bestimmten Zwischenstelle aus anfangen kann.

Die Berechnung von Pi ist inzwischen zu einer Standardaufgabe für Computer geworden und dient als Maß für deren Leistung und Zuverlässigkeit.

---

[2] Diese Tatsache haben neben der TIMM3 – Studie als auch die Umfrage im Focus Juni 99 gezeigt
[3] im Vorwort

2. CHRONOLOGIE DER ZAHL PI

2000   Die **Babylonier** benutzten π =25/8 und die **Ägypter** π = 256/81

900   Die **Bibel**, 1. Buch der Könige 7.23 bezog sich auf π = 3

434   **Anaxagoras** versucht die Quadratur des Kreises

414   **Aristophanes** behandelt die Quadratur des Kreises in seiner Komödie „Die Vögel"

240   **Archimedes** zeigt anhand der klassischen Methode, dass $\quad 3\frac{10}{71} \prec \pi \prec 3\frac{1}{7}$

Nach Christi Geburt

480   **Tsu Ch'ung-Chih** nähert π durch 355/113 an, Genauigkeit auf 6 Dezimalstellen

1429   **Al-Kashi** berechnet π auf 16 Dezimalstellen

1593   **Vieta** stellt π als ein unendliches Produkt, alleine mit Hilfe von 2 und $\sqrt{}$

1610   **Ludolph van Ceulen** berechnet π auf 35 Dezimalstellen

1621   **Snell** verfeinert Archimedes klassische Methode

1630   **Grienberger** benützt Snells Verfeinerung zur Berechnung von 39 Dezimale von π

1655   **Wallis** zeigt, dass $\dfrac{\pi}{2} = \dfrac{2}{1} \cdot \dfrac{2}{3} \cdot \dfrac{4}{3} \cdot \dfrac{4}{5} \cdot \dfrac{6}{5} \cdot \dfrac{6}{7} \cdot \dfrac{8}{7} \cdot \dfrac{8}{9} \cdots$

1674   **Leibniz** zeigt, dass π /4 = 1 - 1/3 + 1/5 - 1/7 +...

1706   **Machin** berechnet π auf 100 Dezimalstellen

1706   **William Jones** benutzt als erster π für das Kreisverhältnis

1736   **Euler** beweist, dass $\dfrac{\pi^2}{6} = \dfrac{1}{1^2} + \dfrac{1}{2^2} + \dfrac{1}{3^2} + ...$

1737   **Euler** führt das Zeichen π als Standartschreibweise ein

1761   **Lambert** beweist, dass π irrational ist

1777   **Buffon** erfindet das Nadelproblem

1794   **Legrende** beweist, dass π^2 irrational ist

1844   **Johann Dase**, ein Schnellrechner, berechnet π auf 200 Dezimalstellen

1873   **Shanks** berechnet π auf 707 Dezimalstellen

1882   **Lindemann** weist die Transzendenz von π nach

1883   **Ferguson** findet Fehler ab der 528 Stelle in Shanks Wert für π

1948   **Ferguson** und **Wrench** veröffentlichen einen Wert für π mit 808 Dezimalstellen

1949   **ENIAC** vollzieht die erste elektronische Berechnung für π auf 2037 Dezimale

1973   **Guilloud** und **Bouyer** berechnet mit dem Computer π auf 1 Million Dezimale

1989   Die Brüder **Chudnovsky** berechnen π auf 1.011.196.691 Dezimale

1997   **Kanada** berechnet π auf 51,5 Milliarden Dezimalstellen[4]

---

[4] **Berggren**, Lennart: Pi: A Source Book, S.655

3. FACHWISSENSCHAFTLICHE BETRACHTUNG IM SPIEGEL DER 2500-JÄHRIGEN GESCHICHTE IN DER MATHEMATIK UND DEN KULTUREN

Von der Zahl Pi wissen einige Menschen lediglich, dass sie das Verhältnis von Kreisumfang und Kreisdurchmesser ausdrückt und mit 3,1415… beginnt. Wenn überhaupt. Heute lässt sich alles im Internet recherchieren. Wissen wird marginal. Nach der letzten Berechnung im Juli 1997 von Kanada auf 51,5396 *Milliarden* Dezimalstellen endet Pi mit 12904. [5]

Beschäftigt man sich mit der Kreiszahl Pi, so trifft man dabei auf alle Epochen der Mathematikgeschichte. Schon im Altertum war der Versuch, diese Zahl genau zu erfassen, von einem Erkenntnisinteresse bestimmt, das weit über den praktischen Nutzen und die handliche Brauchbarkeit der Formel hinausging. Im Ringen um diese Zahl wird viel von der Eigenart der mathematischen Wissenschaft deutlich.

Die Geschichte der Kreisberechnung, und damit ist die Quadratur des Kreises automatisch inbegriffen, lässt sich in vier Zeiträume einteilen:

I. Der elementar-geometrische Phase von den Anfängen mathematischer Untersuchungen bis zur Erfindung der Differential- und Integralrechnung, gekennzeichnet durch die Arbeiten von Archimedes von Syrakus und Huygens: Jener hat die Methode der ein- und umbeschriebenen regelmäßigen Vielecke wissenschaftlich begründet, dieser hat ihr die höchste Vollendung zuteilwerden lassen, die mit elementaren Hilfsmitteln möglich war. Die Zahl Pi konnte numerisch auf 39 Dezimalstellen berechnet werden; die näherungsweise Quadratur des Kreises konnte mit einer begrenzten Genauigkeit konstruktiv ausgeführt werden.

II. Der arithmetisch-trigonometrische Phase von 1654-1761, in welchem die Zahl Pi durch analytische Ausdrücke mittels unendlicher Reihen und Produkte dargestellt wurde. Die spezifische Methode der arctan-Formeln dominierte die Pi-Berechnung. Mithilfe der arctan-Formeln formulierte man bis 1980 Algorithmen zur Berechnung von Pi und gelangte damit bis auf eine Millionste Stelle.

III. Der algebraische Phase 1766-1882, in dem der Nachweis erbracht wurde, dass Pi eine irrationale Zahl ist. 1882 erbrachte Lindemann den Nachwies, dass Pi eine transzendente Zahl ist und folglich die Quadratur des Kreises durch Zirkel und Lineal unmöglich ist; in der Folgezeit wurde der Lindemannsche Beweis durch die Arbeiten deutscher Mathematiker noch weiter vereinfacht.

IV. Das computertechnische Zeitalter der Pi-Berechnungen beginnt mit der Berechnung von Pi durch den ‚Computer' ENIAC basierend auf die arctan-Formeln. Ab 1980 werden neue Algorithmen zur beschleunigten Berechnung von Pi entwickelt. Die Möglichkeit, Pi ab einer beliebigen hexadezimalen Stelle aus weiter zu berechnen, wurde von den Brüdern Borwein entdeckt.

---

[5] **Arndt**. Pi.Algorithmen, Computer, Arithmetik, S.1

In folgenden Ausführungen soll anstelle des Ausdrucks 'Zahl Pi' das Wort 'ratio' verwendet werden, da in diesem Zusammenhang eher die Rede vom Verhältnis des Umfangs zum Durchmesser, oder vom Verhältnis der Fläche zum Radiusquadrat ist. Der Ausdruck 'Zahl Pi' oder der entsprechende griechische Buchstabe π sind Benennungen, die während der Aufklärung entstanden sind.

Alle frühen Pi-Näherungen sind keine 'mathematischen' Herleitungen, sondern stammen aus praktischen Problemstellungen, die gelöst werden mussten.

Mittelmeerraum

Babylonier

Die ältesten uns bekannten mathematischen Dokumente sind Tontäfelchen aus den reichen Bibliotheken des Zweistromlandes (Mesopotamien), die bis zum Beginn des zweiten vorchristlichen Jahrtausends zurückreichen. Keilschrifttexte aus der Zeit zwischen 1900 und 1600 v.Chr. rechnen u.a.

mit dem Näherungswert $3 + \dfrac{1}{8} = 3{,}125$.

Hebräer

Auch die Bibel nennt einen Näherungswert für Pi. Der Architekt Hiram von Tyros baute im Auftrag des Königs Salomon ein ehernes Meer im Vorhof des Tempels in Form eines runden Wasserreservoirs aus Erz. Im 1. Buch der Könige 7,23 gibt das *Alte Testament* π mit 3 an (1. Koen. 7,23). Im 2. Buch der Chronik, 4,2 heißt es dazu: „Und er machte das Meer, gegossen, von einem Rand zum anderen zehn Ellen weit..., und eine Schnur von dreißig Ellen war das Maß ringsherum."

Dreißig Ellen ringsherum und zehn Ellen weit ergibt ein $\pi_{Bibel} = 3$. Pi war zu jener Zeit (ca.550 v. Chr.) in anderen Kulturen wesentlich genauer bekannt. Bei den Babyloniern war Pi gleich 3.125. Der Austausch von Informationen mit anderen Völkern muss spärlich gewesen sein.

Ägypten

1. <u>Methode im alten Ägypten:</u> Viele Probleme mathematischer Art entstanden aus den Alltagssituationen wie Bauarbeiten, Vermessungen, Berechnung des Getreidebedarfs. Gefundene Dokumente wie Popyrus Rhind (ca. 1700 v. Ch.) und der Moskauer Papyrus (ca. 1900 v. Chr.) dokumentieren diese in einer Sammlung von Beispielen. Darunter befinden sich auch

Kreisberechnungen wie die Quadrate des Kreises. Die Seite des dem Kreis flächengleichen Quadrates wurde mit 8/9 des Kreisdurchmessers angegeben. Diese Näherung lässt sich erklären, in dem man den Kreis angenähert einem Achteck gleichsetzt. Dieses entsteht, wenn man das dem Kreis umschriebene Quadrat in neun kleine Quadrate zerlegt und die vier Ecken abschneidet

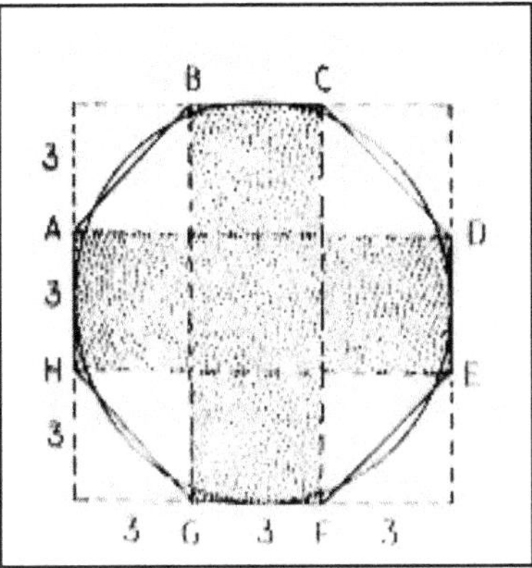

Das so entstandene Achteck führte den Ägyptern den benutzten $(\frac{8}{9})^2$ -Wert ziemlich gut vor Augen.

Die Fläche dieser Figur beträgt 7/9 der Quadratfläche oder auch $\frac{7}{9} \cdot \frac{9}{9} = \frac{63}{81}$ der Quadratfläche.

Rundet man den Wert auf 64/81 auf, so gilt $\frac{64}{81} = (\frac{8}{9})^2$. Somit ergibt sich für die Zahl Pi folgender Näherungswert:

$$A = a^2 = (\frac{8}{9} d)^2 = \frac{256}{81} \cdot r^2 = 3\frac{13}{81} r^2 \sim \pi r^2$$

$$U = (\frac{8}{9})^2 \cdot 4d = 2(\frac{256}{81})r \sim 2\pi r$$

Dabei nahmen die Ägypter an, dass der Umfang den $(\frac{8}{9})^2$-Anteil der Umfangs des dem Kreis umliegenden Quadrates 4d hat. Mit dem Näherungswert $(\frac{8}{9})^2$ ergibt sich für die Zahl Pi ein Wert von 3,1605 (aufgerundet).

Man vermutet ebenfalls, dass die Ägypter auch auf folgendem Weg zu diesem Näherungswert kamen: Ein gerader Kreiszylinder mit der Höhe h und dem Durchmesser d des Grundkreises wird mit Wasser gefüllt. Die Flüssigkeit wird dann in ein Prisma mit der quadratischen Grundfläche d^2 umgegossen. Das Wasser steigt bis zur Höhe k. Dann gilt für das Wasservolumen einerseits $xd^2 \times h$, anderseits $d^2 \times k$. Für x = k/h findet man den Näherungswert 64/81.

Für die Ägypter war es ein Selbstverständnis, dass man das Volumen eines Gefäßes von konstantem Querschnitt zur Höhe proportional setzte. Diese Aussage findet man bei Heron aus Alexandria im ersten vorchristlichen Jahrhundert. Die Ägypter hatten damit schon einen relativ guten Näherungswert für Pi. Der Fehler liegt in der Größenordnung von einem Prozent. Damit kommt ihnen der Ruhm zuteil, mit einem besseren Pi-Wert als die Hebräer oder Babylonier gerechnet zu haben, die zumeist nur mit der Zahl 3 operierten.

2.   <u>Methode im alten Ägypten</u>: Erstaunlich ist die gute Näherung, die sich im ägyptischen Rechenbuch des *Ahmes* (ca. 1900 v. Chr.) findet. Sei im Folgenden stets der Radius als r = 1 gewählt. In der ägyptischen Mathematik spielten Stammbrüche 1/2, 1/3, 1/4, ... eine große Rolle. Man

zeichnet ein Quadrat mit dem gleichen Mittelpunkt wie der Kreis, dessen halbe Seitenlänge 1-1/n beträgt. Der Flächeninhalt soll möglichst gut mit dem Inhalt des Kreises übereinstimmen. Aus der Zeichnung erkennt man, dass n = 10 zu groß und n = 8 zu klein ist. Also wählt man n = 9 und erhält

$$\pi \approx \left(2 \cdot (1 - \frac{1}{9}) \right)^2 = (\frac{16}{9})^2 = \frac{256}{81} \approx 3.16 \, .$$

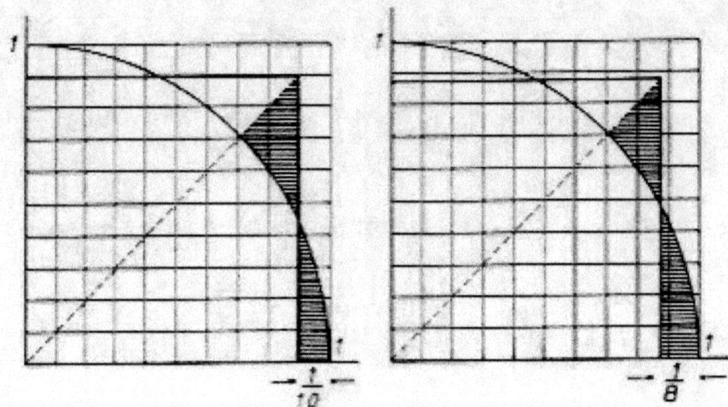

Aus der Zeit um 1650 v.Chr. stammt der ägyptische Papyrus Rhind. Dort wird die Frage, wieviel Getreide in einen zylinderförmigen Kornspeicher hineingeht, mit einer Berechnung beantwortet, die

von der Kreiszahl $\left(\dfrac{16}{9} \right)^2 = 3,1604$ ausgeht.

Es wird vermutet, dass es in Ägypten noch frühere Näherungen für Pi gegeben hat, wenngleich es dafür keinen direkten Beweis gibt. Die Vermutung stützt sich darauf, dass schon etwa 2600 v. Chr. alle Hilfsmittel bekannt waren, um mit unregelmäßigen Polygonen, die in einem Kreis einbeschrieben sind, gute Approximationen für Pi aufzustellen.

Griechenland

Die Geometrie, der die griechischen Mathematiker ihr Hauptaugenmerk schenkten, hat eine vielfältige und interessante geschichtliche Entwicklung. In der antiken Welt war dieses Forschungsgebiet gar so vorherrschend, dass die Worte *Mathematiker* und *Geometer* als Synonyme benutzt wurden. Und so war es auch zu einem großen Teil die Geometrie, der sich die Mathematiker in ihrer Forschung zuwandten.

Von den griechischen Mathematikern hat sich nach einem Bericht von Plutarch zuerst Anaxagoraa (500 bis 428 v.Chr.) mit der Kreisquadratur beschäftigt. Er soll im Gefängnis, in das er 434 v.Chr. als Freund und einstiger Lehrer des großen athenischen Staatsmannes Perikles von dessen Feinden gebracht wurde, „die Quadratur des Kreises" gezeichnet haben. Genaueres ist über seine Ergebnisse nicht bekannt. Es zeugt aber von der geistigen Überlegenheit der Mathematiker.

Aber von keinem der Heroen von Anaxagoras bis Euklid sind Verbesserungen des zahlenmäßigen Werts von Pi vorgenommen worden.

Karl Popper[6] zufolge soll bereits Platon (427-348) eine überraschend gute Näherung für Pi gekannt haben, nämlich $\sqrt{3} + \sqrt{2} = 3{,}14626$. Der Fehler beträgt weniger als 1,5 Promille.

Asiatischer Raum

Indien

Die indischen Sulvasutras ('Schnurregeln' sind Regeln zur Konstruktion von Altären bestimmter Formen mit Hilfe von Schnüren) sind Schriften mit geometrisch-theologischen Inhalten, die um 500 v Chr. aufgeschrieben wurden, aber vermutlich schon um 1000 v Chr. entwickelt wurden. Darin wird die Aufgabe diskutiert, ein gegebenes Quadrat in einen flächengleichen Kreis umzuwandeln (z.B. für die Konstruktion eines Altars mit zirkulärer Basis)

Im Abastamba-Sulvasutra (Kap. 3,2) steht geschrieben: "Wünscht man aus einem Quadrat ein Kreis zu machen, so legt man von der Mitte des Quadrats aus nach einer Ecke eine Schnur, führe sie in Richtung einer Seite des Quadrats herum und beschreibe den Kreis zusammen mit einem Drittel des über dem Quadrat hinausragenden Stückes. Dies ist die gewöhnlich benutzte Schnur, welche den Kreis liefert. Wieviel fortgenommen wird, soviel soll hinzukommen."[7] Anhand der Figur heißt das, dass man für den Radius des zu ziehenden Kreises MQ wähle mit RQ = 1/3RP.

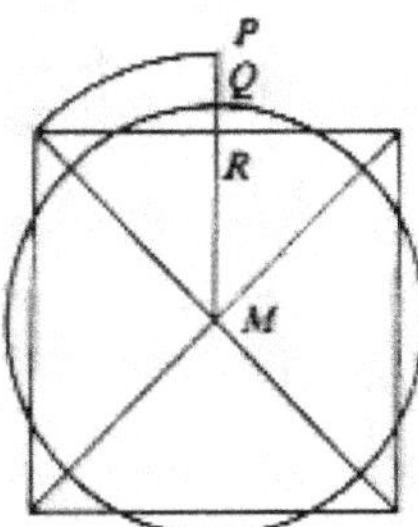

Sei a die Seite des Quadrats. MR = a/2. Für die Hälfte der Diagonalen gilt mit dem Satz des Pythagoras, dessen Inhalt nach Angaben der Quellen den Indern schon bekannt gewesen sein soll:
$MP = \dfrac{1}{2}a\sqrt{2} = \dfrac{a}{\sqrt{2}}$. Damit gilt:

$$MQ = MR + \frac{1}{3}(MP - MR)$$

$$MQ = \frac{a}{2} + \frac{1}{3}\left(\frac{a\sqrt{2}}{2} - \frac{a}{2}\right) = \frac{a}{2}\left(1 + \frac{\sqrt{2}-1}{3}\right)$$

Mit der Annahme der Identität der Flächen von Kreis und Quadrat gilt:

---

[6] Popper: Die offene Gesellschaft. Bd.1, Seitenzahl nicht mehr wiedergefunden bei mehr als 400 Seiten
[7] **Drinfel'D**: Quadratur des Kreises und Transzendenz von Pi, S. 13

$$a^2 = \pi_{Indien}(\frac{a}{2}(1+\frac{\sqrt{2}-1}{3}))^2 = \pi_{Indien}\frac{a^2}{4}(1+\frac{\sqrt{2}-1}{3})^2$$

$$\Rightarrow \frac{1}{\pi_{Indien}} = \frac{1}{4}(\frac{3+\sqrt{2}-1}{3})^2 \overset{mit\frac{577}{408}\,als\;\,N\ddot{a}herung\;\;f\ddot{u}r\;\;\sqrt{2}}{=} \frac{1}{4}(\frac{2+\frac{577}{408}}{3})^2 = \frac{1}{4}(\frac{1393}{408}\cdot\frac{1}{3})^2 = \frac{1}{4}(\frac{1393}{1224})^2$$

Damit erhält man einen Wert π_{Indien} = 3,08831.

Albrecht Dürer (1471-1528) gibt für diese Aufgabenstellung folgende Lösung an: Teile die Diagonale des Quadrates in 10 Teile und nimm 8 davon als Durchmesser des Kreises. Das besagt $1 \approx (\frac{2}{5}\sqrt{2})\pi \;\; \Rightarrow \;\; \pi \approx 3\frac{1}{8}$. Dürer nimmt also nicht den damals allgemein bekannten Wert $3\frac{1}{7}$.

Dies ist dadurch zu erklären, dass es keine rationale Teilungskonstruktion für 22/7 gibt und er ihn somit in seiner Kunst nicht anwenden konnte.[8]

In Apastamba (Kap 3.3) sowie im Bandhayana (Kap. 1,60) wird folgende Regel angegeben: Will man zu einem Kreis mit dem Durchmesser d das flächengleiche Quadrat finden, so ziehe man vom Durchmesser 2/15 ab, so dass für die Quadratseite x = (13/15) d übrigbleibt. Demnach gilt:

$$F_{Quadrat} = x^2 = \pi_{Indien}\frac{d^2}{4} \;\; \Rightarrow \;\; \pi_{Indien} = x^2 \cdot \frac{4}{d^2} = (\frac{13}{15})^2 \cdot 4 = (\frac{26}{15})^2 \approx 3,0044\,.$$

Durch die Weiterentwicklung der Mathematik in Indien entstanden um 400 n. Chr. (ca. 800 Jahre später) die 'Siddhantas' (Systeme), in denen man Informationen zur Trigonometrie findet, die weit über das Wissen der Griechen hinausgehen. Ein Beleg dafür ist die 'Aryabhatia, eine schriftliche Fassung von Formeln, die den mathematischen Kenntnisstand der Inder zusammenfasst.[9] Sie gibt in einer weiteren 'Auflage' um 510 n Chr. folgende Regel zur Bestimmung der ratio an: "Addiere 4 zu 100, multipliziere mit 8, und addiere 62000. Das Resultat ist der ungefähre Wert des Umfanges eines

[8] **Ebbinghaus**: Zahlen, S.102
[9] **Kaiser**; **Nöbauer**: Geschichte der Mathematik, S.24

Kreises mit dem Durchmesser 20000."[10] Das führt zu einem Wert von $\dfrac{62832}{20000} = 3,1416$, einem Wert von größerer Genauigkeit als der des Archimedes.

Das indische astronomische Buch 'Suryasiddhanta' (400 n. Chr.) gibt den Wert $\sqrt{10} = 3,1623$ an.

Um 1150 verwendet Bhaskara für das ratio den 'genauen' Wert 3,1216 = 3927/1250. Dabei verfolgte er Archimedes Methode von einem einbeschriebenen Sechseck bis zum 384-Eck. Eine weitere Näherung findet man bei ihm angegeben mit 3,14166 = 754/240. [11]

Den Höhepunkt der Berechnungen der islamischen Astronomen bildet der späte Wert von al-Kasi (1427). Er war Astronom an der von Ulug Beg errichtete Sternwarte in Samarkand. Er berechnete mittels des $3{\times}2^{28}$-Ecks den Umfang des Kreises mit dem Radius 1 sexagesimal zu 6; 16, 59, 28,1, 34, 51, 46, 14, 50 mit einem Fehler von weniger als 1/4 Einheit der letzten Stelle. Diesen Wert rechnete er in den Dezimalbruch um: 6,283 185 307 179 586 5. $\Rightarrow \pi_{Kasi}$ = 3,<u>141 592 653 589 792</u> 2.[12] Das ist eine der ältesten Vorkommen von Dezimalbrüchen.

Weitere nennenswerte Beiträge sind in der indischen Mathematik, wie auch in anderen Kulturen bis zu Ramanujan nicht erzielt worden (möglicherweise sind auch die Dokumente verloren gegangen). Der wesentliche Beitrag der Inder zur heutigen Mathematik ist das dezimale Stellenwertsystem und die Ziffernschreibweise, die um 800 n. Chr. von den Arabern übernommen wurden und um 1500 im deutschen Sprachraum die römischen Zahlen ablösten.

China

Papier und Porzellan sind Gegenstände, deren Verbreitung ihren Ausgang von einem sehr einfallsreichen, alten Kulturvolk hatte: den Chinesen. Sie beschäftigten sich auch mit Mathematik und insbesondere Astronomie. Sie entwickelten den ersten Sternkatalog und bemühten sich um immer bessere Werte für die ratio.

 Nachweisbar existieren die ersten Werte seit dem 1 Jh. n. Chr. So arbeitete der Astronom und Philosoph Zhang Heng (78-139) mit dem Wert $\sqrt{10} \approx 3,162$; der gelehrte Heerführer Wang Fan (?-267) kannte den besseren Näherungsbruch 142/45 $\approx$ 3,155. Liu Hui berechnete ca. 263 aus dem 192-Eck: $3{,}14\dfrac{64}{625} < ratio < 3{,}14\dfrac{169}{625}$ und später aus dem 3072-Eck einen Näherungswert, der dem Dezimalbruch 3,14159 entspricht. Von Zu Chong-Zhi (430-501) stammt die Approximation ratio =

---

[10] **Kaiser**; **Nöbauer**: Geschichte der Mathematik, S.146
[11] **Fischer**: Die Zahl Pi und ihre Behandlung in der Realschule, S. 24
[12] **Ebbingahaus**: Zahlen, S.103

> Ob die Chinesen etwas von den Erkenntnissen von Archimedes oder Ptolemaios erfahren haben, ist unbekannt; immerhin wurde chinesische Seide damals bis nach Rom verkauft.[1]

355/113, die bis auf sechs Nachkommastellen genau ist. Dieser Bruch ist eine Näherung, die sich auch aus der Kettenbruchentwicklung für Pi ergibt.

3.2. METHODISCHE APPROXIMATIONEN

Archimedes

Warum wird die Geometrie oft als „nüchtern" und „trocken" bezeichnet? Nun, einer der Gründe besteht in ihrer Unfähigkeit, solche Formen zu beschreiben, wie etwa eine Wolke, einen Berg, eine Küstenlinie oder einen Baum. Wolken sind keine Kugeln, Berge keine Kegel, Küstenlinien keine Kreise. Die Rinde ist nicht glatt - und auch der Blitz bahnt sich seinen Weg nicht gerade. [...] Die Existenz solcher Formen fordert uns zum Studium dessen heraus, was Euklid als „formlos" beiseitelässt, eben die Morphologie des „Amorphen" zu studieren.   Benoit B. Mandelbrot

Alle vorher genannten und älteren Untersuchungen ergaben sich aus empirischen Befunden (durch Abmessen oder Vergleich), denen man ein aus rechnerischen oder zahlensymbolischen Gründen passendes Bruch zuordnete. Archimedes von Syrakus erfand ein mathematisch angemessenes Verfahren, indem er den Wert von Pi in zwei Grenzen einschloss (Intervallschachtelung). Die obere (untere) Grenze bildete eine monoton fallende (steigende) Folge von Umfängen eines umbeschriebenen (einbeschriebenen) Polygons. Anders als bei Näherungsbrüche kann anhand dieses Verfahrens Pi beliebig genau berechnet werden. Dieses Verfahren ist zwecks Veranschaulichung der mathematischen Denkweise heute noch interessant, doch wegen seiner langsamen Konvergenz hat es heute keine Bedeutung mehr bei der algorithmischen Berechnung der Zahl Pi.

Diese Methode war über tausend Jahre das dominante Verfahren der Kreisberechnung. Sie wurde vom Holländer Willebord Snell (1580-1675) und vom Schotten James Gregory (1638-1675) verbessert. Archimedes Intervallschachtelung erbrachte folgende Eingrenzung:

$$3,1408 = \boxed{3 + \frac{10}{71} \prec \pi \prec 3 + \frac{10}{70} = \frac{22}{7}} = 3,14285$$

• Archimedes von Syrakus (um 285 – 212 v. Chr.) bei der Eroberung von Syrakus durch römischen Soldaten ermordet

• Mechanik: Arbeiten zu den Hebelgesetzen und dem Gewichtsverlust schwimmender Körper (Archimedisches Prinzip), Erfindungen (basierend auf eine theoretische Erfassung) der Schraube, Wasserschnecke (archimedische Schraube), der Flaschenzug und seiner Kriegsmaschinen wie Hebewerke und Schleudern.

• Legendär ist die Verbrennung der römischen Flotte mit großen Brennspiegeln. Noch Cicero konnte sein mit Wasserdruck betriebenes Planetarium bewundern.

• Mathematik: Berechnung des Inhalts sowie Schwerpunktes von Körpern, die durch Kegelschnitte begrenzt werden wie z.B. die exakte Quadratur des Parabelsegmentes (Näheres bei Engel, S.61), Kubatur des Rotationsellipsoids unter Verwendung der Exhaustationsmethode (antikes Rechenverfahren zur

Körperberechnung ohne die Integralrechnung). Arbeiten zu den halbregelmäßigen (oder archimedischen) Körpern, Quadratur des Kreises und Näherung von Pi. (Quelle: Brockhaus – Lexikon, Bd. 2)

Im Folgenden werden drei verschiedene Herleitungen des Polygonverfahrens vorgestellt, von denen alles archimedischen Ursprungs sein sollen. Archimedes Buch ‚Die Messung des Kreises' ist in allen Passagen dorischen Dialektes verloren gegangen. Seine Herleitung ist in der ursprünglichen Form nicht erhalten.

Es wird versucht in allen Darstellungen E_n (s_n) und U_n (t_n) als die Umfänge (Seiten) des einbeschriebenen bzw. umbeschriebenen n-Ecks zu verwenden.

1. Scheid (S. 86) stellt in seinem Buch ‚Elemente der Geometrie' eine Herleitung vor, auf die die vielverbreiteten Schulbücher ‚Schnittpunkte' (RS) und ‚Lambacher Schweizer 10' (Gym.) des Klett-Verlages setzen. Eine Quelle gibt Scheid nicht an.

Der Kreisumfang 2π wird vom Umfang eines dem Kreis einbeschriebenen und eines dem Kreis umbeschriebenen n-Ecks eingeschachtelt. Beginnend mit n = 6 und fortlaufender Verdoppelung der Eckzahl wird die Reihe der 6-Ecke, 12-Ecke, 24-Ecke usw. betrachtet.

Einbeschriebenes Polygon	Umbeschriebenes Polygon	Bemerkungen
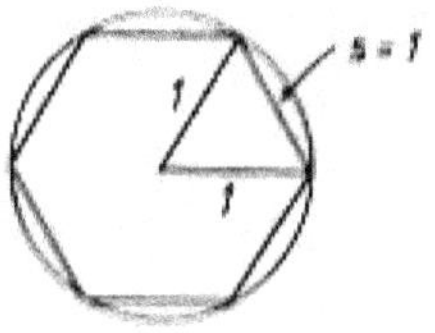 $E_n = 6$	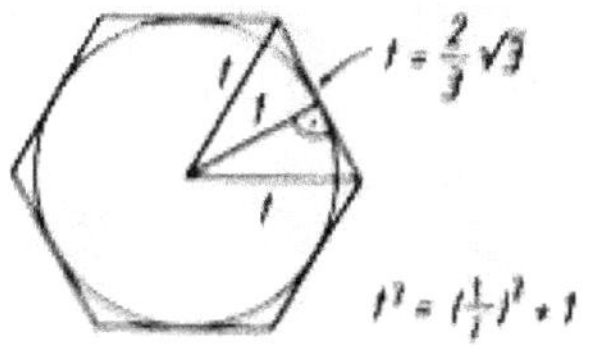 $U_n = 4\sqrt{3} \approx 6{,}928$	Beginn
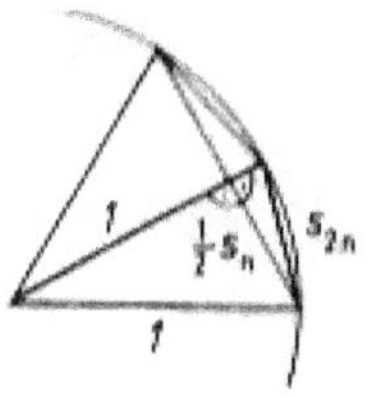	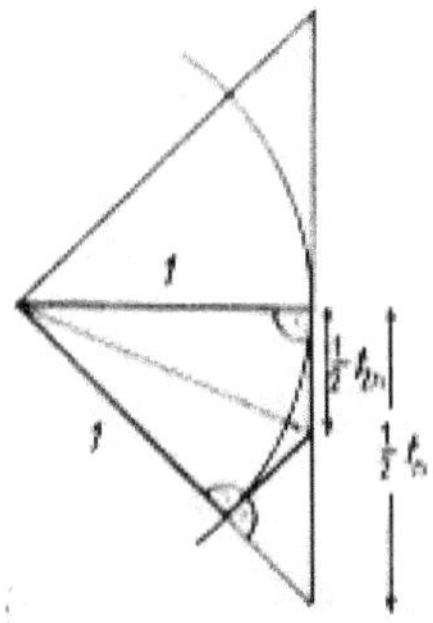	Berechnung einer Seitenlänge im n-Eck
$s_{2n}^{\;2} = (\frac{1}{2}s_n)^2 + (1 - \sqrt{1 - (\frac{1}{2}s_n)^2})^2$ $= 2 - \sqrt[2]{1 - (\frac{1}{2}s_n)^2}$ $= 2 - \sqrt[2]{4 - s_n^{\;2}}$		Pythagoras
$= (2 - \sqrt{4 - s_n^{\;2}})\frac{(2 + \sqrt{4 - s_n^{\;2}})}{(2 + \sqrt{4 - s_n^{\;2}})}$ $\Rightarrow s_{2n}^{\;2} = \frac{s_n^{\;2}}{2 + \sqrt{4 - s_n^{\;2}}}$		3 Binomische Formel
$E_n = n \cdot s_n$ $E_{2n} = 2n \cdot s_{2n}$		Daraus erhält man rekursiv

		s_{12} , s_{24} ,... und t_{12} , t_{24}
	$(\frac{1}{2}t_n - \frac{1}{2}t_{2n})^2$ $= (\frac{1}{2}t_{2n})^2 + (\sqrt{1+(\frac{1}{2}t_n}^2)} - 1)^2$ $\Rightarrow t_{2n} = \dfrac{2t_n}{2+\sqrt{4+t^2}}$ Analog zu links	

| $E_{2n} = \dfrac{2E_n}{\sqrt{2+\sqrt{4-(\frac{1}{n}E_n)^2}}}$ | $U_{2n} = \dfrac{4U_n}{2+\sqrt{4+(\frac{1}{n}U_n)^2}}$ | und zuletzt E_{12}, E_{24},
 ... und U_{12}, U_{24}, ... |

Archimedes bekam bei seinen Berechnungen bis zum 96-Eck folgende Schranken, die er als Bruchzahlen angeben musste, da Dezimalzahlen zu seiner Zeit noch nicht benutzt wurden.

$$3{,}1409 = 3 + \frac{1137}{8069} \prec \pi \prec 3 + \frac{1335}{9347} = 3{,}1428$$

Am Rande sei erwähnt, dass Blankenagel in seinem Artikel „Überlegungen zur Brauchbarkeit dreier Rekursionsformeln" genau auf diese Formeln eingeht. Dabei bespricht er die numerische Instabilität der Formel $s_{2n} = \sqrt{2 - \sqrt{1 - \frac{s_n^2}{4}}}$ bei einer möglichen Programmierung und bespricht den Vorteil der oben zuletzt angeführten Formel $s_{2n} = ...$.

2. Ein zweites, einfaches und sehr elegantes Verfahren wird von Peitgen (S.183) und Beckmann (S. 65ff) unter dem Namen des archimedischen Verfahrens vorgestellt. Es besteht aus wenigen Formeln und Umformulierungen. Es verwendet aber die Sinus- und Tangensfunktion, die nach Peitgen den Griechen nicht bekannt waren.

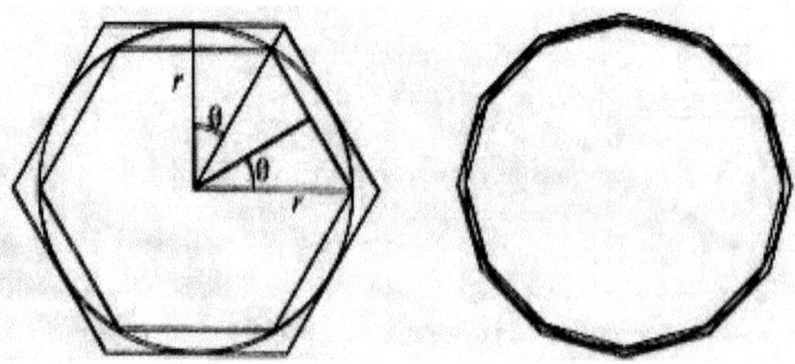

Abb. Peitgen: Bausteine des Chaos, S.183

Die Länge der ein- (um-) beschriebenen Seite des Sechsecks ist $2r\sin\theta$ ($2r\tan\theta$). Für den Umfang $U = 2\pi r$ des Kreises gilt bei einem n-Eck (hier Start bei n = 6; $\theta = 30°$)

$$2r\,n\,\sin\theta \;<\; U \;<\; 2r\,n\,\tan\theta$$

Division durch 2r ergibt eine untere und obere Schranke für π,

$$n\sin\theta \;<\; \pi \;<\; n\tan\theta \qquad (3 < \pi < 3{,}464)$$

Durch Verdoppelung der Anzahl n der Seiten und der Halbierung des Winkels θ führt zu

$$2n\sin\theta/2 \;<\; \pi \;<\; 2n\tan\theta/2 \qquad (3{,}106 < \pi < 3{,}215)$$

Durch Übergang zu 12, 24, ... Seiten erhält man Schätzwerte mit beliebiger Genauigkeit.

$$2^k \cdot n \cdot \sin\!\left(\frac{\theta}{2^k}\right) < \pi < 2^k \cdot n \cdot \tan\!\left(\frac{\theta}{2^k}\right)$$

Mit einer Formel – Taschenrechner lassen sich beliebige Werte berechnen.

Archimedes 96-Eck	i = 4	$3{,}1410 < \pi < 3{,}1427$
6144000000-Eck	i = 10	$3{,}141592517 < \pi < 3{,}141592927$
6×2^{20}-Eck	i = 20	$3{,}141592654 < \pi < 3{,}141592657$

Diese Tabelle zeigt die langsame Konvergenz des archimedischen Algorithmus. Je Verdoppelung der Seitenzahl verbessert sich die Genauigkeit der Näherung nur um den Faktor ¼. Um Pi auf eine Genauigkeit von 35 Dezimalstellen zu berechnen, benötigt man ein 10^{18}–seitiges Polygon. Die Frage, ob Archimedes Sinus– und Tangenswerte möglicherweise iterativ berechnet hatte, bleibt offen.

3. Eine weitere, elementargeometrische Herleitung des archimedischen Verfahrens mit gleichzeitiger Vorstellung einer algorithmischen Umsetzung wird von Engel[13] vorgeschlagen. Kenntnisse in Programmierung (Pascal–Notation) vorausgesetzt, ließe sich daraus beispielhaft ein Programm schreiben. Da diese in der Sekundarstufe nicht vorausgesetzt werden können, greift Lörcher Engels Vorschläge auf, erweitert die Herleitung auf eine iterative Formel zur Berechnung von Pi mithilfe von Polygonflächen und zeigt eine praktische Umsetzung mit einem Taschenrechner, der zwei Speicher hat und somit die Werte fortlaufend berechnet werden können. Folgende Herleitung ist aus Lörchers unveröffentlichtem Skript ‚Fachliche Grundlagen des 9/10 Schuljahres II' entnommen. Seien I_n und A_n (E_n und U_n) die Flächeninhalte (halben Umfänge) ein- und umbeschriebener regelmäßiger Vielecke. Der Flächeninhalt (Umfang) des Einheitskreises wird durch die Flächen dieser Polygone eingegrenzt. Somit gilt

$$\mathbf{I_n < \pi\, l^2 = \pi < A_n \quad und \quad E_n < \tfrac{1}{2}\,2\,\pi = \pi < U_n}$$

---

[13] **Engel**: Elementargeometrie vom algorithmischen Standpunkt, S. 62-65

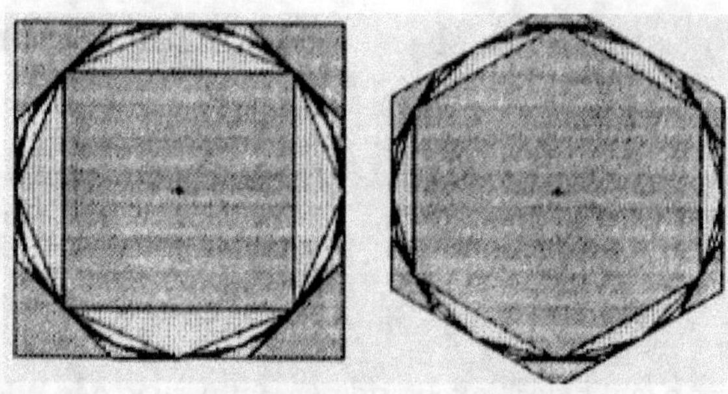

Bemerkungen	Beziehungen
Strahlensatz mit den Strahlen MA u. MB	(1) $h_n/1 = s_n/t_n \Rightarrow h_n = s_n/t_n$
Der Flächeninhalt von ΔMAB lässt sich 2-fach berechnen	(2) $\frac{1}{2}\, 2\, s_{2n}\, h_{2n} = \frac{1}{2}\, 1\, s_n \Rightarrow s_{2n}\, h_{2n} = \frac{1}{2}\, s_n$
Im rechtwinkligen ΔMCB gilt nach **Kathetensatz**	(3) $h_{2n}^2 = 1\, \frac{1}{2}\, (h_n + 1) \Rightarrow \mathbf{h_{2n}^2 = \frac{1}{2}\, (h_n + 1)}$
Damit gilt für die in- und umbeschriebenen Vielecke	(4) $\mathbf{I_n = n\, h_n\, s_n}$
	(5) $\mathbf{A_n = n\, 1\, t_n = n\, t_n}$
	(6) $I_{2n} = 2n\, h_{2n} s_{2n} = 2n\, \frac{1}{2}\, s_n = n\, s_n \quad (2)$
	(7) $I_{2n} = 2n\, h_{2n}\, s_{2n} = 2n\, h_{2n}\, s_{2n}/t_{2n}\, t_{2n} = 2n\, h_{2n}^2\, t_{2n}$
	$\quad = 2n\, \frac{1}{2}\, (h_n + 1)\, t_{2n} = \mathbf{n\, (h_n + 1)\, t_{2n}} \quad (3)$
Man erhält	(8) $\mathbf{I_{2n} / A_n = ns_n / nt_n = s_n / t_n} \qquad (5),\ (6)$
	(9) $\mathbf{I_n / I_{2n} = nh_n s_n / ns_n = h_n = s_n / t_n} \quad (4),\ (6),\ (1)$
Folglich	(10) $I_{2n} = \sqrt{I_n \cdot A_n}$
Gleichzeitig folgt $A_{2n} / I_{2n} = 2n\, t_{2n}/n\, (h_n+1)\, t_{2n} = 2/(h_n+1) \quad (5),\ (7)$ $\quad = 2/\, (I_{2n}/A_n+1) \qquad (1),\ (8)$	(11) $A_{2n} = \dfrac{1}{\dfrac{1}{2}\left(\dfrac{1}{A_n} + \dfrac{1}{I_{2n}}\right)}$

Der **Flächeninhalt des einbeschriebenen 2n-Ecks** ist das *geometrische Mittel* aus dem Flächeninhalt des ein- und des umbeschriebenen n-Ecks.

Der **Flächeninhalt des umbeschriebenen 2n-Ecks** ist das *harmonische Mittel* aus dem Flächeninhalt des umbeschriebenen n-Ecks und des einbeschriebenen 2n-Ecks.

Für die halben Umfänge E_n und U_n gilt weiter	(12) $\mathbf{E_n = \frac{1}{2}\, n\, 2s_n = n\, s_n = I_{2n}}$
	(13) $\mathbf{U_{2n} = \frac{1}{2}\, n\, 2t_n = n\, t_n = A_n}$
Daraus folgt	(14) $U_{2n} = \dfrac{1}{\dfrac{1}{2}\left(\dfrac{1}{U_n} + \dfrac{1}{E_n}\right)}$ und $E_{2n} = \sqrt{E_n \cdot U_{2n}}$

Der **halbe Umfang des umbeschriebenen 2n-Ecks** entspricht dem *harmonischen Mittel* aus dem halben Umfang des um- und des einbeschriebenen n-Ecks.

Der **halbe Umfang des einbeschriebenen 2n-Ecks** ist gleich dem *geometrischen Mittel* aus dem halben Umfang des einbeschriebenen n-Ecks und desumbeschriebenen 2n-Ecks.

4. Eine weitere Herleitung wird in Berggrens Buch 'A Source Book' vorgestellt. Sie ist inhaltsgleich mit der von Vetter *in 'Vier Verfahren zur näherungsweisen Berechnung der Zahl Pi'* dargelegten Methode (lesenswert, aber zeitaufwendig).

Nikolaus von Kues in der Geisteshaltung der Devotio moderna erzogen, studierte Philosophie in Heidelberg, später Recht und Mathematik in Padua. Ab 1448 Kardinal und 1450 Fürstbischof in Brixen. Er bemühte sich intensiv um die Reform von Kirche und Reich. Beeinflusst durch die Mystik Meister Eckharts und dem Nominalismus Wilhelm von Ockhams steht er in seinem theologisch-philosophischem Denken in der Tradition des christlichen Neuplatonismus. In seinem Hauptwerk 'Von der gelehrten Unwissenheit' sucht er Bedingungen und Möglichkeiten menschlichen Erkennens durch seine Vorstellung vom Zusammenfallen der Gegensätze in Gott. Im gesamten Werk bedient er sich mathematischer Denkweisen, die er auf theologisch-philosophische Sachverhalte anzuwenden weiß. So verwendet er Begriffe wie Limes und Extrapolation auf das Verhältnis von Gott und Welt an, um Einheit und Vielheit gleichzeitig aussagen zu können. Eine bekanntes Problem →, wonach alle neun Punkte mit nur vier Geraden verbunden werden müssen, verdeutlicht Cusanus Gottesinterpretation mithilfe mathematischer Begriffe. Darüber hinaus bemühte sich Cusanus intensiv um das Studium der Natur und eine Methodologie der Naturforschung, die auf Einsicht und Nützlichkeit gerichtet war.

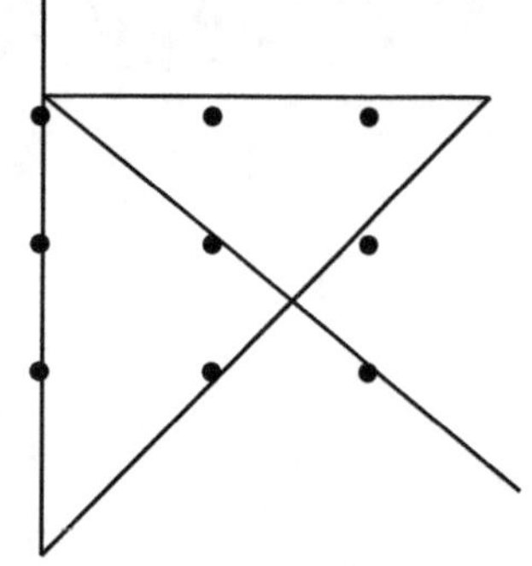

• Naturwiss.:Überlegungen zu Kalenderreform, Achsendrehung der Erde, mit Schaffung der ersten Mitteleuropakarte (ein Exemplar in London erhalten)

• Philologie: Als einer der ersten deutschen Humanisten befasste er sich mit der historisch-philologischen Untersuchung antiker Handschriften.

• Als Mathematiker befasste er sich mit der 'circuli quadratura', einem verbesserten Näherungswert für Pi, Problem der Kontingenzwinkel und Status der Zwischenwerteigenschaft. Bei ihm galt die Mathematik als Mittler zwischen ratio (Verstand) und intelligentia (Vernunft). Quelle: Brockhaus Bd. 15

"Die Vernunft verhält sich zur Wahrheit wie das Vieleck zum Kreis: Je mehr Ecken das Vieleck besitzt, desto ähnlicher wird es dem Kreis; aber selbst wenn man die Zahl der Ecken ins Unendliche vermehrt, wird es dennoch nie ein Kreis gleich, es sei denn, es ginge in Wesenseinheit mit dem Kreis einher"[14]
De geometricis transmutationibus (1445)

Archimedes betrachtete einen festen Kreis und näherte dessen Umfang durch eine Folge von Polygonen an. In gewisser Weise kehrte Cusanus diesen Ansatz um und verwendete eine Folge von regelmäßigen Polygonen (2^n Ecken, n=2,3,4,5,...) mit festem Umfang der Länge 2. Er berechnete

---

[14] zitiert nach **Röttel**: Näherungskonstruktionen für π bei Nicolaus Cusanus. Praxis der Mathematik, S.199

dann den Umfang der entsprechenden Kreise, die ein- und umbeschrieben waren. Sei R_n (r_n) der Radius des um- (ein-)beschriebenen Kreises des n-ten Polygons.

Aus der ersten Beziehung folgen für Pi die Grenzen:

$$2\pi\, r_n < 2 < 2\pi\, R_n \;\Rightarrow\; r_n < \frac{1}{\pi} < R_n. \;\Rightarrow\; \frac{1}{r_n} > \pi > \frac{1}{R_n}.$$

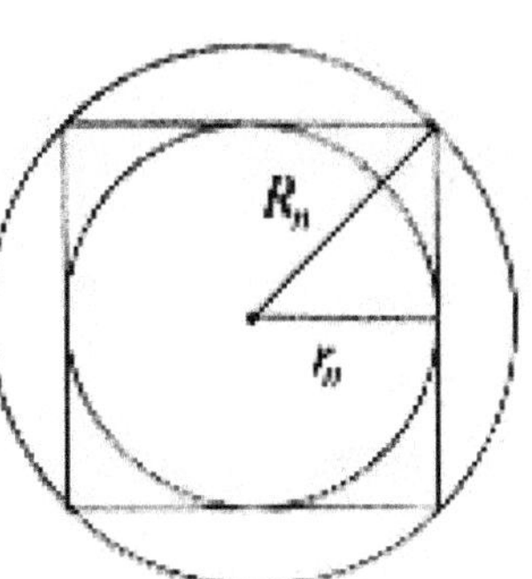

Anschaulich ausgedrückt heißt es: Der Kreisring wird immer dünner und schließt das Polygon mit 2^n Ecken von Umfang 2 immer enger ein. Pi wird durch Intervallschachtelung der Reziproken der Kreisradien angenähert.

Es werden auch hier mehrere Herleitungen angeführt:

1. Für n = 2 ist das Polygon ein Quadrat. Der Satz des Pythagoras liefert $R_2 = \frac{\sqrt{2}}{4}$ und $r_2 = \tfrac{1}{4}$. Der eingeschlossene Winkel zwischen den beiden Radien R_n und r_n (wie im Bild) beträgt $\dfrac{360}{2^n \cdot 2} = \dfrac{180}{2^n}$.

Damit leiten sich folgende Beziehungen ab:

1. $\sin\dfrac{180}{2^n} = \dfrac{\frac{u}{2^{n+1}}}{R_n} \;\Rightarrow\; R_n = \dfrac{u}{2^{n+1}} \cdot \dfrac{1}{\sin\frac{180}{2^n}}$ und $\tan\dfrac{180}{2^n} = \dfrac{\frac{u}{2^{n+1}}}{r_n} \;\Rightarrow\; r_n = \dfrac{u}{2^{n+1}} \cdot \dfrac{1}{\tan\frac{180}{2^n}}$

2. Durch Addition der Ausdrücke R_n und r_n erhält man den Ausdruck

$$R_n + r_n = \frac{u}{2^{n+1}} \cdot \frac{1}{\sin\frac{180}{2^n}} + \frac{u}{2^{n+1}} \cdot \frac{1}{\tan\frac{180}{2^n}} = \frac{u}{2^{n+1}} \cdot \left[\frac{1}{\sin\frac{180}{2^n}} + \frac{\cos\frac{180}{2^n}}{\sin\frac{180}{2^n}}\right] = \frac{u}{2^{n+1} \cdot \sin\left(2 \cdot \frac{180}{2^{n+1}}\right)}\left[1 + \cos\left(2 \cdot \frac{180}{2^{n+1}}\right)\right]$$

Das mathematische Feingefühl (Phantasie) fordert zur weiteren Auflösung das Additionstheorem mit $\alpha = \beta$: $\sin 2\alpha = 2\sin\alpha \cdot \cos\alpha$ und $\cos 2\alpha = \cos^2 \alpha - \sin^2 \alpha$

$$= \frac{u}{2^{n+1} \cdot 2\sin\frac{180}{2^{n+1}} \cdot \cos\frac{180}{2^{n+1}}} \cdot \left[1 + \cos^2\frac{180}{2^{n+1}} - \sin^2\frac{180}{2^{n+1}}\right]$$

3. Der Zusammenhang $\sin^2 \alpha + \cos^2 \alpha = 1$ führt schließlich zu dem Ergebnis

$$\frac{u}{2^{n+1}} \cdot \frac{\cos\frac{180}{2^{n+1}}}{\sin\frac{180}{2^{n+1}}} = \frac{u}{2^{n+1} \cdot \tan\frac{180}{2^{n+1}}} = 2 \cdot \frac{u}{2^{n+2}\tan\frac{180}{2^{n+1}}} = 2 \cdot r_{n+1} \;\Rightarrow\; r_{n+1} = \frac{R_n + r_n}{2}.$$

4. Um eine Iteration mit dem Umkreisradius herzuleiten, multipliziert man

$$R_n \cdot r_{n+1} = \frac{u}{2^{n+1}} \cdot \frac{1}{\sin\dfrac{180}{2^n}} \cdot \frac{u}{2^{n+2}} \cdot \frac{1}{\tan\dfrac{180}{2^{n+1}}} = \frac{u}{2^{n+1}} \cdot \frac{u}{2^{n+2}} \cdot \frac{1}{\sin\left(2 \cdot \dfrac{180}{2^{n+1}}\right)} \cdot \frac{\cos\dfrac{180}{2^{n+1}}}{\sin\dfrac{180}{2^{n+1}}}$$

Unter Verwendung der genannten Beziehung $\sin 2\alpha = 2\sin\alpha \cdot \cos\alpha$ ergibt sich

$$\frac{u}{2^{n+2}} \cdot \frac{u}{2^{n+2}} \cdot \frac{1}{\sin\dfrac{180}{2^{n+1}}} \cdot \frac{1}{\sin\dfrac{180}{2^{n+1}}} = \left(\frac{u}{2^{n+2}} \cdot \frac{1}{\sin\dfrac{180}{2^{n+1}}} \right)^2 = R_{n+1}^{\,2} \Rightarrow R_{n+1} = \sqrt{R_n \cdot r_{n+1}}\,.$$

2. Folgende Herleitung ist aus Lörchers unveröffentlichtem Skript ‚Fachliche Grundlagen des 9/10 Schuljahres II' entnommen. [15]

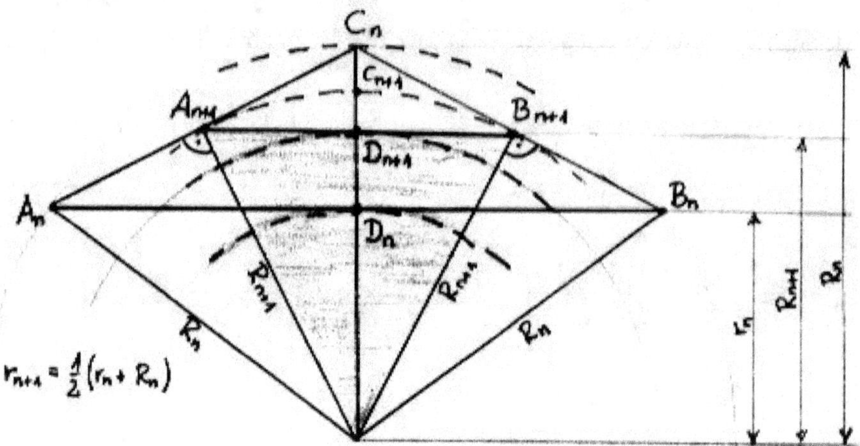

A_nB_n ist eine Seite des regelmäßigen 2^n-Ecks und C_n der Mittelpunkt des Bogens A_nB_n. Dann ist die Mittelparallele $A_{n+1}B_{n+1}=A_nB_n/2$ und damit eine Seite des regelmäßigen 2^{n+1}-Ecks mit Mittelpunkt M.

Also gelten: $\quad$ $MA_n = MC_n = MB_n = R_n$, $MD_n = r_n$

$\qquad\qquad\quad$ $MA_{n+1} = MC_{n+1} = MB_{n+1} = R_{n+1}$, $MD_{n+1} = r_{n+1}$

Da D_{n+1} Mittelpunkt von C_nD_n ist, gilt: $\quad r_{n+1} = \dfrac{R_n + r_n}{2}$.

Im rechtwinkligen $\Delta MA_{n+1}C_n$ gilt nach dem Kathetensatz $MA_{n+1}^2 = MD_{n+1} \times MC_n$, also $R_{n+1}^2 = r_{n+1} \times R_n \Rightarrow$

$$R_{n+1} = \sqrt{R_n \cdot r_{n+1}}\,.$$

Diese Herleitung ist erstaunlich kurz und verwendet lediglich den Kathetensatz und die Regelmäßigkeit des Polygons des damit benutzten $\Delta MA_{n+1}B_{n+1}$.

Der **Inkreisradius des neuen Vielecks** ist gleich dem *arithmetischen Mittel* des Umkreisradius und des Inkreisradius des alten Vielecks.

---

[15] vgl. dazu **Engel**: Elementarmathematik vom algorithmischen Standpunkt, S.70f

Der **Umkreisradius des neuen Vielecks** ist gleich dem *geometrischen Mittel* des Inkreisradius des neuen Vielecks und des Umkreisradius des alten Vielecks.

3. Dreiecks- und Sechseckumfang sollen gleich groß sein; aus den Radien der zugehörigen In- und Umkreise wird der *Radius des umfangsgleichen Kreises* gefunden. Cusanus geht nun davon aus, dass für alle Vielecke gilt $r = r_n - \mu(r_n - p_n)$ mit konstantem μ. Setzt man die Formel für n = 3 und n = 6 (zwei Gleichungen für zwei Unbekannte) erhält man $\mu = \dfrac{2(4 - \sqrt{3})}{13} = 0{,}34891$ und mit $p_3 = 1$ daraus

$$r = \frac{8 + 2\sqrt{3}}{13} = 1{,}651085.$$ Mit $p_3 = 1$ erhält man einen Umfang von $6\sqrt{3}$ und damit ein konstruiertes

$\pi^* = U/r = 9\sqrt{3}\,/5 \approx 3{,}11769$. Der relative Fehler beträgt ca. 0,2%.

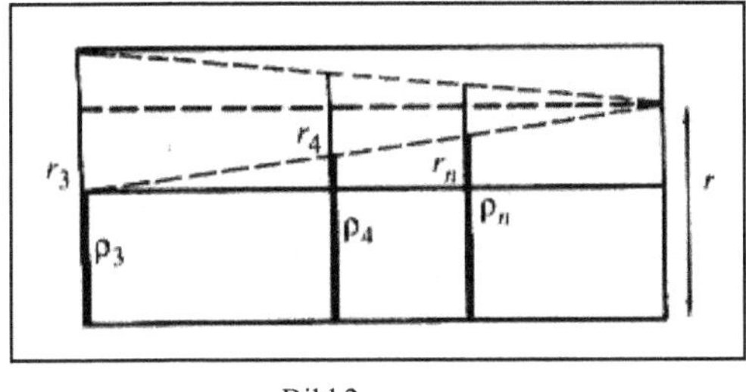

Bild 2

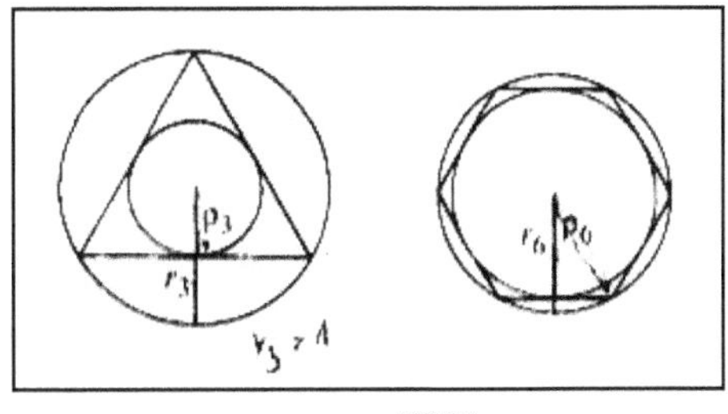

Bild 1

Dreieck, Viereck, n-Eck, Kreisfläche: Unter Verwendung der Form (*) $r = \rho_n + \lambda(r_n - \rho_n)$ (hier zeigt sich Cusanus Beschäftigung mit dem Zwischenwertproblem), in der die Differenz $r_n - \rho_n$ mit dem seit dem 14 Jh. gängigen Namen sagitta (Pfeil) auftritt, erhält Cusanus *(Bild 2)*

$$r = \rho_n + \lambda(r_n - \rho_n) \Leftrightarrow \lambda = \frac{r - \rho_n}{r_n - \rho_n}, d.h. \frac{r - \rho_3}{r_3 - \rho_3} = \frac{r - \rho_4}{r_4 - \rho_4}$$ (für n=3 und n=4).

Den gemeinsamen λ-Wert in diesem Falle findet man zu

$$\lambda = \frac{121 - 567\sqrt{2} + 264\sqrt{3} + 516\sqrt{6}}{1607} \approx 0{,}64738$$

und damit

$$r = \frac{3093 + 567\sqrt{2} - 264\sqrt{3} - 516\sqrt{6}}{1607} \approx 1{,}35262.$$

Cusanus gibt $\lambda = \dfrac{2}{3}$ an. Tatsächlich ist $\dfrac{2}{3}$ der Grenzwert von $\lambda(n)$ aus (*), wenn man nachprüft:

1. $\cos\dfrac{\pi}{n} = \dfrac{p_n}{r_n} \Rightarrow \dfrac{1}{\dfrac{1}{n}} - 1 = \dfrac{r_n}{p_n} - 1 = \dfrac{r_n - p_n}{p_n}$

2. $\tan\dfrac{\pi}{n} = \dfrac{x}{p_n};\quad U = n \cdot 2x = n \cdot 2p_n \tan\dfrac{\pi}{n};\quad U = 2\pi r \Rightarrow 2\pi r = n \cdot 2p_n \tan\dfrac{\pi}{n} \Rightarrow r = \dfrac{n \cdot p_n \tan\dfrac{\pi}{n}}{\pi}$

3. $\dfrac{r-p_n}{p_n} = \dfrac{\dfrac{n\cdot\tan\dfrac{\pi}{n}}{\pi}\cdot p_n - p_n}{p_n} = n\cdot\tan\dfrac{\pi}{n}-1$

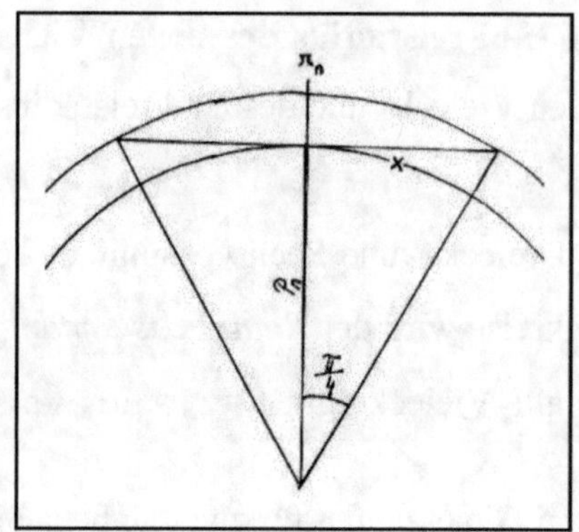

4. $\lambda(n) = \dfrac{r-p_n}{r_n-p_n} = \dfrac{\dfrac{r-p_n}{p}}{\dfrac{r_n-p_n}{p}} = \dfrac{(\dfrac{n\tan(\pi/n)}{\pi}-1)}{(\dfrac{1}{\cos(\pi/n)}-1)}.$

Exakte Werte für λ und die diesbezüglichen Fehler von $\lambda = \dfrac{2}{3}$:

n	3	4	5	10	20	80... 150
$\lambda(n)$	0,6540	0,6597	0,6622	0,6656	0,6664	0,6667
Fehler	1,9%	1%	0,7%	0,16%	0,04%	0%

Der mit n = 3 und n = 4 für die Konstruktion von r gewonnene Wert $\lambda = 0,64738$ hat zu $\lambda(3)$ den Fehler 1,01% und zu $\lambda(4)$ einen von 1,87%.

Gnädinger

Wie bei Archimedes wird die Kreislinie durch geradlinige Sehnen zwischen ausgewählten Punkten angenähert. Im Verlauf des Verfahrens werden diese Punkte immer dichter gelegt, so dass der entstehende Streckenzug sich dem Kreis immer besser anschmiegt.

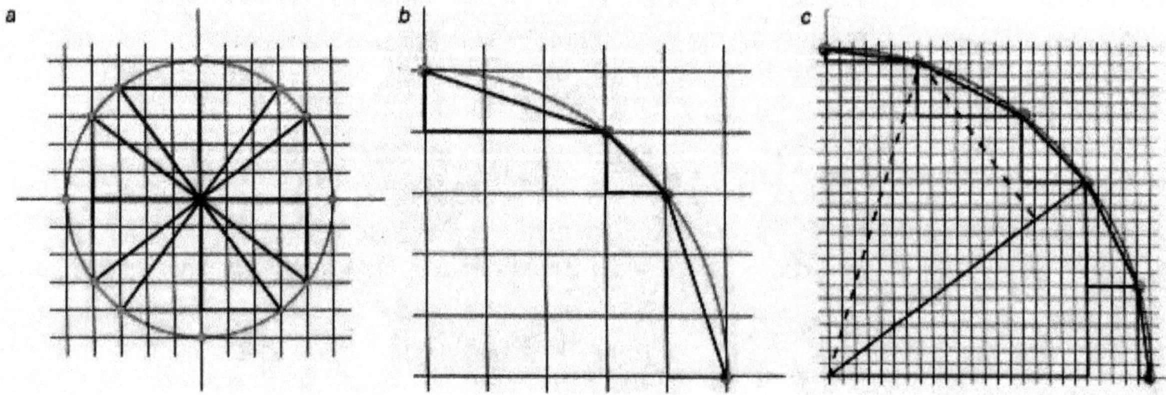

Anders als Archimedes legt Gnädinger (mit G. abgekürzt) seine Stützpunkte nicht genau in die Mitte zwischen zwei bereits vorhandenen, sondern so, dass die Sehnenlängen besonders einfach zu berechnen sind. Jede Sehne ist Hypotenuse c eines rechtwinkligen Dreiecks, dessen beide anderen Seiten a und b parallel zu den Achsen eines Koordinatensystems verlaufen. Demnach lässt sich c anhand des Satzes des Pythagoras berechnen. G. legt seine Punkte so, dass es genügt, die Wurzeln aus 2 und aus 5 zu berechnen. Sonst kommen nur rationale Zahlen vor. Hingegen ist in jedem Schritt des archimedischen Verfahrens eine Wurzel aus einer neuen Zahl zu ziehen, was mit den Mitteln in der Antike besonders mühsam zu berechnen war.

Der Schlüssel zu Gnädingers Verfahren ist das Dreieck mit den Seiten 3, 4, 5. Es ist rechtwinklig, denn diese drei Zahlen bilden eine pythagoräisches Tripel. Man zeichne in einen Kreis mit Radius 5 ein Gitternetz der Maschenweite 1 ein. Dann liegen – abgesehen von den Koordinatenachsen selbst - genau diejenigen Gitterpunkte auf der Kreislinie, zu denen es ein pythagoräisches Dreieck aus Gitterlinien gibt (a). Man verbinde diese Punkte durch Sehnen; diese sind Hypotenusen rechtwinkliger Dreiecke, deren Katheten auf Gitterlinien liegen (b).

Im nächsten Schritt gilt es weitere Punkte mit diesen angenehmen Eigenschaften zu finden. Dazu verfeinert man das Gitternetz um das Fünffache (oder vergrößert den Kreis entsprechend), und findet weitere Gitterpunkte, die auf der Kreislinie liegen. Wenn man eines der ursprünglichen pythagoräischen Dreiecke um den Kreismittelpunkt dreht, bis eine Kathete auf die bisherige Hypotenuse zu liegen kommt, wandert seine äußerste Ecke auf der Kreislinie entlang und liegt schließlich in einem neuen Gitterpunkt. Die so vermehrten Stützpunkte ergeben schon eine bessere Approximation an die Kreislinie (c). Verfeinert man das Gitter nochmals mit dem Faktor 5, ergeben sich weitere Stützpunkte usw.

Algebraisch läuft das Verfahren darauf hinaus, möglichst viele pythagoräische Tripel a, b, c zu finden, die das c gemeinsam haben. Man beginnt mit dem klassischen Tripel 3, 4, 5; multipliziert man sämtliche Werte mit 5, erhält man wieder ein pythagoräisches Tripel: 15, 20, 25. Es ist aber nicht nur 5a, 5b, 5c ein solches Tripel, sondern auch 4b – 3a, 3b+ 4a, 5c. Bsp. 7,24, 25. Nach dieser Formel vermehrt man in jedem Schritt die Anzahl der Tripel um 1. Indem man a und b vertauscht und nach Belieben mit Minuszeichen versieht, gewinnt man aus jedem Tripel acht Stützpunkte.

Aus den besonderen Eigenschaften des Tripels 3, 4, 5 und der Konstruktion ergibt sich, dass alle zu berechnenden Wurzeln fast glatt aufgehen. Es bleiben schlimmstenfalls Wurzeln aus 2 aus 5 und deren Produkt übrig. Das Verfahren konvergiert langsam, erfordert aber auch nicht einen allzu großen Rechenaufwand. Mit 41 Tripel in 332 Stützpunkten (die 4 auf den Koordinatenachsen mitgezählt), erhält man immerhin 5 korrekte Dezimalstellen von Pi. [16]

---

[16] Angaben aus **Gnädingers** Buch ‚Im Haus des Seschat', S. 34f

Das Vietasche Produkt für Pi nach Francois Viete

Im Allgemeinen wurde das archimedische Verfahren im Mittelalter benützt, um Pi mit immer größerer Genauigkeit zu berechnen. Der Franzose Vieta (1540-1603) kann neben Ludolph van Ceulen, Snell und Griegenberger als Abschluss der elementar-geometrischen Phase gewählt werden, da er gleichzeitig als Übergang zur analytischen Phase ein Produkt zur Berechnung der Zahl Pi trickreich entwickelte, das auch numerisch interessant ist. In einer 1593 erschienenen Abhandlung gibt er 'durch Fortsetzung des archimedischen Verfahrens vom 6-Eck zum um-  und einbeschriebenen 2^{16}-Eck (=393216-Eck!)' den Wert für Pi durch folgende Ungleichung auf 9 Dezimalen an:

$$3,\underline{1415926535} < \pi < 3,\underline{141592537}\,.$$

In der Literatur wird Vietas Lösungsweg über trigonometrische Zusammenhänge hergeleitet, ohne dabei auf das 2^{16}-Eck einzugehen. Neben dieser wird im Folgenden auf eine weitere, 'elementare Herleitung' von Thomas Hechinger eingegangen.

1. Vieta fand seine Formel durch einen einfachen, jedoch klugen Trick. Aus der 'Halbierungsformel' der Sinusfunktion sin(x) = 2sin(x/2)cos(x/2) erhält man durch Induktion

$$\sin x = 2 \cdot 2 \cdot \sin\frac{x}{4}\cos\frac{x}{4}\cos\frac{x}{2}, \qquad n=2$$

$$\sin x = 2^n \sin\frac{x}{2^n}\prod_{v=1}^{n}\cos\frac{x}{2^v} \qquad x \in R,\ n=1,2,\ldots$$

Da $\lim_{n\to\infty} 2^n \sin\dfrac{x}{2^n} = x$ ist[17], entstehen die unendlichen Produkte $\sin x = x\prod_{v=1}^{\infty}\cos\dfrac{x}{2^n}$ $(x \in R)$.

Für x=π/2 ergibt sich $\dfrac{2}{\pi} = \cos\dfrac{\pi}{4}\cos\dfrac{\pi}{8}\cos\dfrac{\pi}{16}\cdot\ldots\cdot\cos\dfrac{\pi}{2^{v+1}}\cdot\ldots\,.$

---

[17] Die Behauptungen sind ohne Beweis aus **Ebbinghaus** informativen Lehrbuch 'Zahlen', S.117 entnommen

Zum seinem Produkt kommt Vieta durch die bekannte Beziehung $\cos\dfrac{x}{2} = \sqrt{\dfrac{1}{2}(1+\cos x)}$, wonach

für $x=\pi/2$ folgt $\cos\dfrac{\pi}{4} = \sqrt{\dfrac{1}{2}}$, $\cos\dfrac{\pi}{8} = \sqrt{\dfrac{1}{2}+\dfrac{1}{2}\sqrt{\dfrac{1}{2}}}$, $\cos\dfrac{\pi}{16} = \sqrt{\dfrac{1}{2}+\dfrac{1}{2}\sqrt{\dfrac{1}{2}+\dfrac{1}{2}\sqrt{\dfrac{1}{2}}}}$ und zuletzt

$$\frac{2}{\pi} = \sqrt{\frac{1}{2}} \cdot \sqrt{\frac{1}{2}+\frac{1}{2}\sqrt{\frac{1}{2}}} \cdot \sqrt{\frac{1}{2}+\frac{1}{2}\sqrt{\frac{1}{2}+\frac{1}{2}\sqrt{\frac{1}{2}}}} \cdots \text{ entsteht.}$$

Dieses Produkt konvergiert sehr schnell zu Pi. Nach 21 Gliedern werden 12 genaue Nach-kommastellen erreicht. Für die 'Vietasche Folge' $v_n := \prod\limits_{v=1}^{n}\cos\dfrac{\pi}{2^v} = \left(2^n\sin\dfrac{\pi}{2^{v+1}}\right)^{-1}$ (aus 2)

konvergiert mit folgender Abschätzung rasch: $0 < v_n - \dfrac{2}{\pi} < \dfrac{1}{48}\sqrt{2}\pi^2\dfrac{1}{4^n} < \dfrac{3}{10}\dfrac{1}{4^n}$

Die Zahlenbeispiele verdeutlichen die gute Konvergenz:

n	v_n	$2v_n^{-1}$
5	0,6368755077217...	3,140331156954...
15	0,6366197726114...	3,141592652386...
21	0,6366197723676...	3,141592653589...

Vieta hat zudem noch eine recht genaue Näherungskonstruktion für Pi angegeben. Aus der Annahme $\pi \approx 1{,}8 + \sqrt{1{,}8} = 3{,}1416470...$ ergibt sich der Kreisumfang eines rechtwinkligen Dreiecks, dessen Katheten $\dfrac{6}{5}$ und $\dfrac{3}{5}$ des Durchmessers sind.

1.   Hechinger ist der Meinung, dass die Analysis "ästhetisch" befriedigende Formeln zur Berechnung von Pi nach Vieta bietet, aber es keine, der Sekundarstufe 1 zugänglichen Herleitung in der Literatur gibt. Deswegen stellt er einen Weg vor, wie "man in einfacher Weise über die Berechnung der Umfänge der dem Einheitskreis einbeschriebenen regelmäßigen 2^n-Ecks" eine Pi-Näherung erreichen kann."

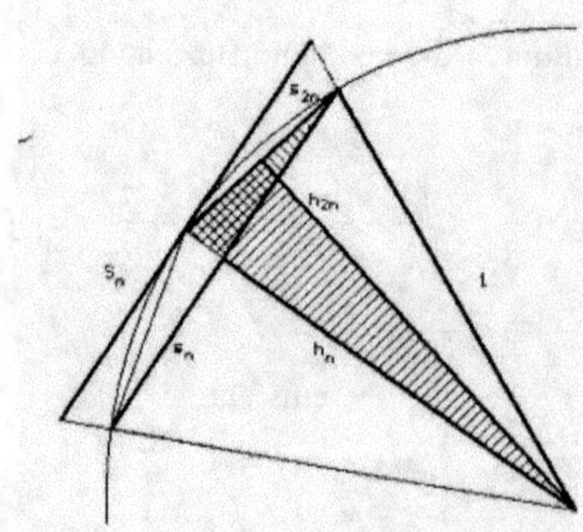

Aus der Ähnlichkeit der schraffierten Dreiecke folgt	$\dfrac{1/2\,s_n}{s_{2n}} = \dfrac{h_{2n}}{1} \Rightarrow s_n = 2s_{2n}h_{2n}$ (1)
Multiplikation mit n ergibt	$ns_n = 2ns_{2n}h_{2n} \Rightarrow E_n = 2E_{2n}h_{2n} \Rightarrow E_{2n} = \dfrac{E_n}{h_{2n}}$ (2)
Der Satz des Pythagoras liefert	$s_n^2 = 4(1 - h_n^2)$ (3)
(1) wird quadriert, s_n, s_{2n} werden gemäß (3) durch h_n, h_{2n} ersetzt $h_{2n}^2 >= h_6^2 = 3/4$	$4(1 - h_n^2) = 4 \cdot 4(1 - h_{2n}^2) \cdot h_{2n}^2 \Rightarrow$ (4) $h_n^2 = (2h_{2n}^2 - 1)^2 \Rightarrow h_n = 2h_{2n}^2 - 1 \Rightarrow h_{2n} = \sqrt{\dfrac{1}{2} + \dfrac{1}{2}h_n}$
Mit dem Strahlensatz erhält man Und durch Übergang zu den Umfängen	$\dfrac{t_n}{s_n} = \dfrac{1}{h_n} \Rightarrow U_n = \dfrac{E_n}{h_n}$ (5)

Sei $p_n = E_n/2$, $P_n = U_n/2$, dann bilden $[p_n, P_n]$ eine Intervallschachtelung für Pi. Von bekannten Werten p_k und h_k ausgehend, kann man mit den Formeln (2), (4), (5) iterativ p_{k2^n} und P_{k2^n} berechnen. Startet man mit $p_6 = 3$ und $h_6 = \sqrt{3}/2$, so ergibt sich die 'archimedische Folge'. (s.o.) Mit $p_4 = 2\sqrt{2}$ und $h_4 = \sqrt{1/2}$ stößt man dagegen auf das Vieta-Produkt.

Zusammengefasst: Mit $p_0 = 2$ und $h_0 = 0$ definiert man die folgende Folge. Um die Notation von Folgen einhalten zu können, wird hier anstelle von '2n' wird jetzt 'n+1' geschrieben.

I. $h_{n+1} = \sqrt{\dfrac{1}{2} + \dfrac{1}{2}h_n}$ identisch mit (4)

II. $p_{n+1} = p_n/h_{n+1}$ äquivalent mit (2)

III. $P_{n+1} = p_{n+1}/h_{n+1}$ äquivalent zu (5)

Die Werte $2/p_n$ sind dabei die Partialprodukte des Vieta-Produktes.

$h_1 = \sqrt{\dfrac{1}{2} + \dfrac{1}{2} \cdot 0} = \sqrt{\dfrac{1}{2}}$	$p_1 = \dfrac{p_0}{h_1} = \dfrac{2}{\sqrt{\dfrac{1}{2}}}$
$h_2 = \sqrt{\dfrac{1}{2} + \dfrac{1}{2} h_1} = \sqrt{\dfrac{1}{2} + \dfrac{1}{2}\sqrt{\dfrac{1}{2}}}$	$p_2 = \dfrac{p_1}{h_2} = \dfrac{2}{\sqrt{\dfrac{1}{2}} \cdot \sqrt{\dfrac{1}{2} + \dfrac{1}{2}\sqrt{\dfrac{1}{2}}}}$
$h_3 = \sqrt{\dfrac{1}{2} + \dfrac{1}{2} h_2} = \sqrt{\dfrac{1}{2} + \dfrac{1}{2}\sqrt{\dfrac{1}{2} + \dfrac{1}{2}\sqrt{\dfrac{1}{2}}}}$	$p_3 = \dfrac{p_2}{h_3} = \dfrac{2}{\sqrt{\dfrac{1}{2}} \cdot \sqrt{\dfrac{1}{2} + \dfrac{1}{2}\sqrt{\dfrac{1}{2}}} \cdot \sqrt{\dfrac{1}{2} + \dfrac{1}{2}\sqrt{\dfrac{1}{2} + \dfrac{1}{2}\sqrt{\dfrac{1}{2}}}}}$

Zuletzt zeigt Hechinger, wie man mit dem Taschenrechner mit Speicherplatz, Pi annähern kann.

Das Rechtecksverfahren

Eine interessante und geschickte Methode ist das sogenannte Rechtecksverfahren anhand von 'Streifen'. Mathematisch ist sie nichts anderes als die klassische Anwendung des Riemannschen Integrals (man müsste aber zuerst selber darauf kommen), welches als Grenzwert einer Intervallschachtelung einer Ober- und Untersumme der Flächen 'unterhalb' geschickt definierter Treppenfunktionen ist. Ein Viertel-Kreis wird von gleich breiten Rechtecksstreifen ein- und umbeschrieben, deren Flächenmaß mit dem Satz des Pythagoras berechnet werden kann. Im erweiterten Sinne des Wortes wird hier der Kreis verpackt. Je genauer die Streifen, desto besser ist unser Kreis verpackt.

Teilt man den Viertelkreis (mit r=1) in 4 gleich breite Streifen ein, so gilt für die Untersumme

$$U = \frac{1}{4} \cdot \left(\sqrt{1-(\frac{1}{4})^2} + \sqrt{1-(\frac{2}{4})^2} + \sqrt{1-(\frac{3}{4})^2} + \sqrt{1-(\frac{4}{4})^2} \right)$$

und für die Obersumme O entsprechend:

$$O = \frac{1}{4} \cdot \left(\sqrt{1-(\frac{0}{4})^2} + \sqrt{1-(\frac{1}{4})^2} + \sqrt{1-(\frac{2}{4})^2} + \sqrt{1-(\frac{3}{4})^2} \right)$$

Somit ist $U \le \pi/4 \le O$ oder $4U \le \pi \le 4O$ mit der Genauigkeit 4O - 4U = 1

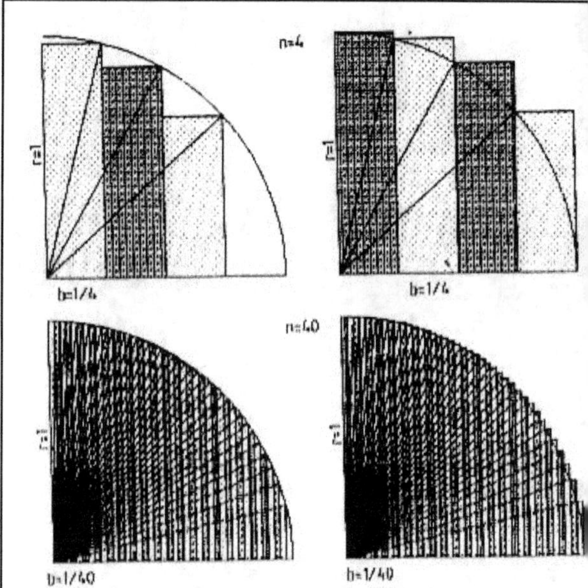

Für n = 40 gilt $\ U = \frac{1}{40} \sum_{i=1}^{40} \sqrt{1-(\frac{i}{40})^2}\ $ und $\ O = \frac{1}{40} \sum_{i=0}^{39} \sqrt{1-(\frac{i}{40})^2}\ $ mit $4U \le \pi \le 4O$ und der Genauigkeit 4O-4U = 0,1. Die Tabelle zeigt die Zunahme der Genauigkeit.

Streifenzahl	4	40	400	4000
4U	2,49..	3,08..	3,136..	3,141..
4O	3,49..	3,18..	3,146..	3,142..

Chronologie – Eine kleine Chronologie der analytischen Berechnungen von Pi

1691   Der Schotte James **Gregory** findet die unendliche Reihe

$$\arctan(x) = x - \frac{x^3}{3} + \frac{x^5}{5} - \frac{x^7}{7} + \ldots$$

1699   Abraham **Sharp** errechnet 71 korrekte Dezimale mit Hilfe der Gregory-Reihe mit x = $\sqrt{1/3}$

1706   John **Machin** erhält 100 Dezimale durch die Gregory-Reihe in Verbindung mit der Beziehung $\pi/4$ = 4arctan(1/5) - arctan(1/239)

1719   Der französische Mathematiker **De Lagny** errechnet Pi auf 112 richtige Stellen durch die Gregory-Reihe für x = $\sqrt{(1/3)}$

1841   Williiam **Rutherford** (England) errechnet Pi auf 208 Stellen, von denen 152 richtig waren. Dabei benutzte er die Gregory-Reihe in Verbindung mit der Beziehung

$\pi/4$ = 4arctan(1/5) - arctan(1/70) + arctan(1/99).

1844   **Zacharias Dase**, der grandiose Rechner, rechnet Pi auf 200 korrekte Stellen mit Hilfe der Gregory-Reihe in Verbindung mit $\pi/4$ = arctan(1/2) + arctan(1/5) + arctan(1/8)

1853   **Rutherford** führt eine neue Pi-Berechnung durch und kommt auf 400 richtige Stellen

1873   William **Shanks** (England, s. Pi-Room) berechnet Pi mit Machins Formel bis auf 707 Stellen. Für lange Zeit bleibt diese Berechnung uneingeholt.

1948   **Ferguson** (England) findet in Shanks Pi-Berechnung ab der 528 Stelle Fehler. Er gibt eine neue und richtige Dezimalentwicklung von Pi von 710 Stellen. Im gleichen Monat veröffentlicht J.W.Wrench von Amerika eine Berechnung auf 808 Stellen, die aber wiederum von Ferguson auf ihre Fehlerhaftigkeit überprüft wurde und an der 723 Stelle einen Fehler fand. 1948 veröffentlichen beide gemeinsam Pi auf richtige 808 Nachkommastellen. Wrench benutzte Machins Formel, während Ferguson die Formel $\pi/4$=3arctan(1/4)+arctan(1/20)+arctan(1/1985) gebrauchte.

Anfänge in Indien

Es ist erstaunlich zu lesen, dass bereits 100 Jahre bevor Reihenentwicklungen für Pi in Europa historisch dokumentiert sind, solche in Indien erstmals von Gelehrten entdeckt wurden. Die Ursprünge dieser Reihen sind dem Inder Parameswaran zufolge kompliziert und wurzeln in mündlicher Überlieferung. Nicht weniger als acht Reihen für Pi sind in den Sanskrit-Schriften Yukti-Bhasa und Yukti-Dipika zu finden, die zudem besser als die ersten europäischen Reihen sind und sogar Reihenrestabschätzungen mitliefern. Die folgenden Darstellungen stammen aus einem Artikel von Balagangadharan[18], dessen Quellen wiederum die Trivandrum-Ausgabe des *Karanapaddhati* und das *Tantrasangraha* sind. Darin ist C der Umfang eines Kreises mit Durchmesser D.

$$\text{Theorem 11:}\quad C = 4D\left\{1 - \frac{1}{3} + \frac{1}{5} - \ldots \pm \frac{1}{n} F \frac{(\frac{n+1}{2})^2 + 1}{[(n+1)^2 + 4 + 1](\frac{n+1}{2})}\right\}$$

"Leibniz-Reihe"

$$\text{Theorem 3:}\quad C = \sqrt{12}\,D\left\{1 - \frac{1}{3\cdot 3} + \frac{1}{5\cdot 3^2} - \frac{1}{7\cdot 3^3} + \ldots\right\}$$

Diese liefert nach 28 Reihengliedern 16 genaue Dezimale.

Die Überlieferung geht von ca. 1500 bis 1200 zurück: Sankaran (ca. 1500-1560) komponiert die Yukti-Dipika ← Jyesthadevan schreibt die Yukti-Bhasa auf, wo außer den Reihen auch ausführliche Beweise stehen ←Kelallur Nilakantha Somayaji, Autor der Schrift Tantra Sangraham, unterrichtet Jyesthadevan und Sankaran in Astronomie und Mathematik (ca.1444-1545). Spätestens dieser war der Autor der Reihen. Dem heutigen Forscher Parameswaran zufolge gehen sie aber bis auf den Namen Madhavan (ca.1200) zurück.

---

[18] **Berggren; Borwein; Borwein**: Pi. A Source Book, S. 45ff

Die Entwicklung von Pi durch die Arctangens–Reihen

Die Methoden zur Berechnung der Zahl Pi waren bis ins 17 Jh. von geometrischen Zusammenhängen abgeleitet. Mit der Einleitung der Infinitesimalrechnung im Reellen durch

G. W. **Leibniz** (1646-1716)   und Isaac **Newton** (1634-1727)

zu Beginn des 17 Jh. und dem vorläufigen Abschluss am Ende des 19 Jh. durch die Ausformulierung der Funktionentheorie durch **Cauchy**, **Riemann** und **Weierstraß** wurde ein Instrumentarium entwickelt, mithilfe dessen viele neue Zusammenhänge entdeckt werden konnten. So konnten z.B. Funktionen durch ihre Reihendarstellungen genau definiert werden, Fourier-Transformationen und Taylor-Entwicklungen von Funktionen durchgeführt werden.

Es ließen sich unendliche Summen für Pi aufstellen und aus ihnen die Geeignetste zur Berechnung von Pi auswählen. Eine Reihe, die auf der Arcustangens-Funktion basiert, zeigte sich als besonders geeignet. Die Arcus-Funktionen sind die Umkehrfunktionen der trigonometrischen Funktionen. Es gilt $\tan(\pi/4) = 1 \Leftrightarrow \arctan(1) = \pi/4$.

James **Gregory** (1638-1675) entdeckte, dass die Fläche unter der Kurve der Funktion $f(x) = \frac{1}{1+x^2}$ im

Intervall [0; x] den Wert $\arctan(x) = \int_0^x \frac{1}{1+a^2} da$ besitzt. Daraus leitete er mit Hilfe der

geometrischen Reihe die sogenannte 'Gregorysche Reihe' ab.

$$\sum_{i=0}^n q^i = \frac{1-q^{n+1}}{1-q} \; f\ddot{u}r |q| < 1 \Rightarrow \sum_{i=0}^\infty q^i = \frac{1}{1-q} \qquad \textit{Geometrische Reihe}$$

Mit $q = -t^2$ ist $\frac{1}{1-(-t^2)} = 1 - t + t^4 - t^6 + \dots$. Somit ergibt sich mit dem Polynomintegral

$$\arctan(x) = \int_0^x (1 - t^2 + t^4 - t^6 + \dots) dt = x - \frac{x^3}{3} + \frac{x^5}{5} - \frac{x^7}{7} + \dots . \; \textit{Gregory-Reihe}$$

Für x=1 erhält man $\arctan(1) = \frac{\pi}{4} = 1 - \frac{1}{3} + \frac{1}{5} - \frac{1}{7} + \dots = \sum_{n=0}^\infty (-1)^n \frac{1}{2n+1}$ (1) *Leibniz'sche Reihe.*

Man findet sie erst in Europa bei Leibniz niedergeschrieben (1674) und benannte sie infolgedessen nach ihm. Jedoch ist historisch nachgewiesen, dass sie schon vom gelehrten Inder Nilakantha (1444-

1545) niedergeschrieben wurde.[19] Demnach muss es schon wesentlich früher in Indien solche Überlegungen gegeben haben. Die Leibniz'sche Reihe eignet sich jedoch nicht zur numerischen Bestimmung von Pi, da ihre Glieder nur langsam kleiner werden und sie somit langsam gegen Pi konvergiert. Für neun (bzw. sechs) Nachkommastellen benötigt man zwei Milliarden (eine Million) Gliedbrüche.[20]

Für kleinere Werte konvergiert die Gregory Reihe viel schneller. Setzt man $\pi/4$ in geeigneter Weise aus kürzeren Kreisbogenstücken zusammen (also aus mehreren Arcustangens-Werten) kommt man zu schnellen konvergierenden Formeln für Pi, obwohl mehrere Gregory-Reihen zu berechnen sind. Die einfachste solche Formel stammt von Euler.

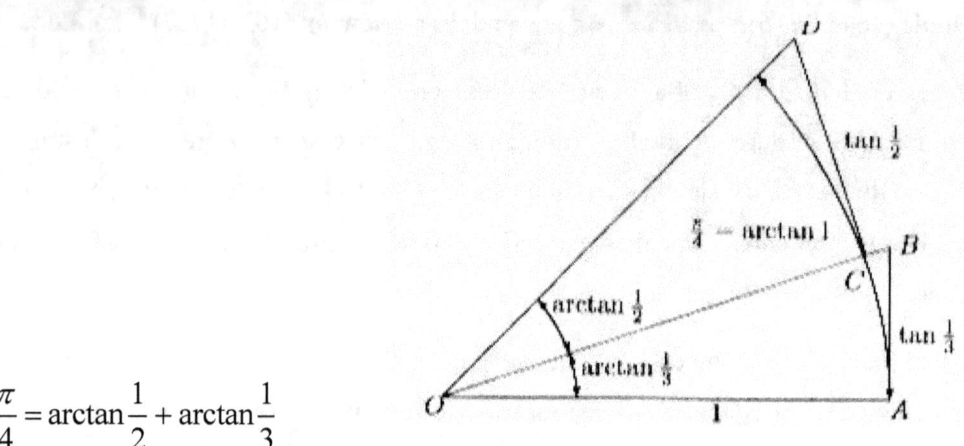

$$\frac{\pi}{4} = \arctan\frac{1}{2} + \arctan\frac{1}{3}$$

Die Glieder von $\arctan(0{,}5) = 0{,}5 - \dfrac{0{,}5^3}{3} + \dfrac{0{,}5^5}{5} - \dfrac{0{,}5^7}{7} + \dots \approx 0{,}463647242$ (2) verschwinden sehr viel schneller als die der Leibniz'schen Reihe. Das 100-te Glied von (1) hat erst zwei führende Nullen, von (2) schon 62 und von $\arctan(1/3) \approx 0{,}321750554$ 98 Nullen nach dem Komma. Mit den auf 10 Gliedern aufsummierten Werten bekommt man für $\pi \approx 3{,}\underline{14159}186$.

---

[19] **Arndt**: Pi, Algorithmen, Computer, Arithmetic, S.48
[20] ebenda (bzw. **Mäder**: Geschichte der Mathematik, S.47)

John **Machin** (1680-1752) schaffte es 1706, Pi mit einer solchen ähnlichen Formel auf 100 Dezimalstellen zu berechnen. Daher wurde sie 'Machin-Formel' genannt:

$$\frac{\pi}{4} = 4 \cdot \arctan\frac{1}{5} - \arctan\frac{1}{239}$$

Wie kam er dazu? Sei $\alpha = \arctan(1/5)$. Allgemein gilt:

$$\tan(\alpha + \beta) = \frac{\tan\alpha + \tan\beta}{1 - \tan\alpha \cdot \tan\beta} \Rightarrow \tan(\alpha + \alpha) = \tan(2\alpha) = \frac{2\tan\alpha}{1 - \tan^2\alpha}.$$

Somit: $\tan 2\alpha = \dfrac{2 \cdot \dfrac{1}{5}}{1 - \dfrac{1}{25}} = \dfrac{2}{5} \cdot \dfrac{25}{24} = \dfrac{5}{12}$, $\quad \tan 4\alpha = \dfrac{2\tan 2\alpha}{1 - \tan^2 2\alpha} = \dfrac{2 \cdot \dfrac{5}{12}}{1 - \dfrac{25}{144}} = \dfrac{10}{12} \cdot \dfrac{144}{119} = \dfrac{120}{119} \approx 1.$

Daher ist $4\alpha \approx \pi/4$. Führt man einen zweiten Winkel $\beta = 4\alpha - \pi/4$ ein, folgt nach der obigen Formel

$$\tan\beta = \frac{\tan 4\alpha - \tan\dfrac{\pi}{4}}{1 + \tan 4\alpha \cdot \tan\dfrac{\pi}{4}} = \frac{\dfrac{120}{119} - 1}{1 + \dfrac{120}{119} \cdot 1} = \frac{1}{119} \cdot \frac{119}{239} = \frac{1}{239}.$$

Fügt man die Ergebnisse zusammen, so ist

$$\frac{\pi}{4} = 4\alpha - \beta = 4\arctan\frac{1}{5} - \arctan\frac{1}{239} = 4\left[\frac{1}{5} - \frac{1}{3 \cdot 5^3} + \frac{1}{5 \cdot 5^5} - ...\right] - \left[\frac{1}{239} - \frac{1}{3 \cdot 239^3} + \frac{1}{5 \cdot 239^5} - ...\right]$$

Arctan(1/5) konvergiert mit 1,4 Dezimalstellen pro Reihenglied und arctan(1/239) mit 4,75 Stellen.[21] Die Machin - Formel ist die bestkonvergierende unter vier existierenden Arctan-Formeln mit zwei Termen.

Arndt stellt in seinem Buch (bzw. beiliegenden CD) weitere Arctan-Formeln vor, von denen einige 'Monster'-Charakter haben, da sie bis zu 13 langen Bruchtermen enthalten, und einen Algorithmus zum Auffinden weiterer Formeln. Eine Formel, in denen bestimmte Fibonacci-Zahlen F_n vorkommen, füge ich wegen ihrer 'Schönheit' an. Sie ist wegen ihrer unendlichen Anzahl von Termen für eine Pi-Berechnung ungeeignet:

$$\frac{\pi}{4} = \arctan\frac{1}{2} + \arctan\frac{1}{5} + \arctan\frac{1}{13} + \arctan\frac{1}{34} + ... = \sum_{n=1}^{\infty} \arctan\frac{1}{F_{2n+1}}.$$

Da $\lim\limits_{n\to\infty}\dfrac{F_{n+1}}{F_n}=\varphi=\dfrac{\sqrt{5}-1}{2}$ (*Goldener Schnitt*), sei im Zusammenhang von Fibonacci-Zahlen,

Goldener-Schnitt und Pi an dieser Stelle noch eine glänzende Abschätzung angefügt:

$$5\pi \approx 6(2+\varphi) \approx 3,\underline{141}640787.$$

Das Wallische Produkt für Pi

Der Vietaschen Produktdarstellung folgte 1655 eine weitere.

Es wurde nach dem englischen Autodidakten, Mathematiker und Mitbegründer der Royal Society John **Wallis** (1616-1703) benannt.

$$\frac{\pi}{4}=\frac{2}{1}\cdot\frac{2}{3}\cdot\frac{4}{3}\cdot\frac{4}{5}\cdot\frac{6}{5}\cdot\frac{6}{7}\cdot... \qquad \textit{Wallis Produkt}$$

Mäder führt an, dass Wallis durch wiederholte partielle Integration zu folgenden Formeln kam

$$\int_0^{\pi/2}(\sin x)^{2m}dx=\frac{1\cdot3\cdot5\cdot7\cdot...\cdot(2m-1)}{2\cdot4\cdot6\cdot8\cdot...\cdot2m}\cdot\frac{\pi}{2}$$

$$\int_0^{\pi/2}(\sin x)^{2m+1}dx=\frac{2\cdot4\cdot6\cdot...\cdot2m}{1\cdot3\cdot5\cdot...\cdot(2m+1)} \quad (m\in N)$$

Für m→∞ sind beide Integrale gleich und durch gleichsetzen beider rechten Seiten ergibt sich

$$\frac{\pi}{2}=\frac{2\cdot4\cdot6\cdot...\cdot2m\cdot2\cdot4\cdot6\cdot...\cdot2m}{1\cdot3\cdot5\cdot...\cdot(2m+1)\cdot1\cdot3\cdot5\cdot...\cdot(2m-1)}=\frac{2}{1}\cdot\frac{2}{3}\cdot\frac{4}{3}\cdot\frac{4}{5}\cdot\frac{6}{5}\cdot\frac{6}{7}\cdot...$$

Das Produkt ist insofern bedeutsam, als es laut Arndt, Newton zu der binomischen Reihe geführt haben soll.[22] Pi wird aber vom Wallis-Produkt schlecht angenähert.

Dagegen ist die geometrische Auslegung des Wallis-Produktes durch Rummler viel faszinierender. In einem Aufsatz im Mathematical Intelligencer stellt er die 'Kreisquadratur mit Löchern' vor. Darin gibt er eine schrittweise Anleitung der Konstruktion:

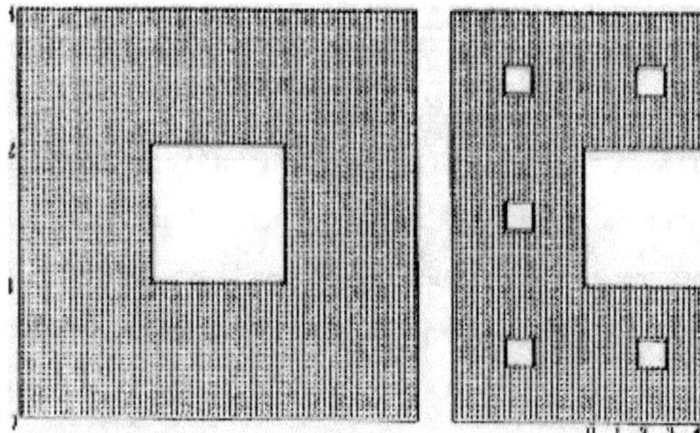

---

[21] **Arndt**: Pi.Algorithmen, Computer, Arithmetic, S. 50

[22] Als Beispiel der Vorgehensweise in der Mathematik, wo von einigen Einzelaussagen später eine umfassende Theorie entwickelt wird.

1. Man nehme ein Quadrat der Seitenlänge 1, zerteile es in 3×3 Unterquadrate und stanze das innere Quadrat aus. Die verbleibende Fläche beträgt 1-1/9 = 0,888... .

2. Jedes der verbleibenden Unterquadrate wird in 5×5 Quadrate zerlegt und das mittlere ausgestanzt. Die verbleibende Fläche beträgt (1-1/9)(1-1/25)=0,853... .

3. Jedes der restlichen 24 Quadrate wird wieder in 7×7 Quadrate zerlegt und das innerste jeweils ausgestanzt.

$$(1-\frac{1}{9})(1-\frac{1}{25})(1-\frac{1}{49})(1-\frac{1}{81})... = \frac{8}{9}\cdot\frac{24}{25}\cdot\frac{48}{49}\cdot\frac{80}{81}\cdot... = \frac{2\cdot4}{3\cdot3}\cdot\frac{4\cdot6}{5\cdot5}\cdot\frac{6\cdot8}{7\cdot7}\cdot\frac{8\cdot10}{9\cdot9}\cdot... = \frac{\pi}{4}$$

Beim Grenzübergang erhält man eine Fläche von $\pi/4$=0,785... . Diese Darstellung kann als Fraktal gesehen werden, da sie einerseits einen Grenzprozess widergibt und andererseits die Struktur sich nach innen wiederholt.

Reihenentwicklung für Pi nach Euler, Gauß und Newton

Giardano Bruno war der erste Theologe, der es wagte, die kopernikanischen Behauptungen, auch wenn aus einer Glaubensüberzeugung heraus, öffentlich und gegen die vorherrschende Doktrin der Katholischen Kirche zu vertreten. Damals konnte die Katholische Kirche solche Männer noch auf dem Scheiterhaufen mundtot machen. Galilei war der erste, der die Methoden des Experiments und der Beobachtung auf die Natur anwandte und dadurch die kopernikanischen Behauptungen beweisen konnte. Er veröffentlichte seine Werke nicht wie üblich in Latein, sondern in der Volkssprache, so dass sie jeder verstehen und das Zweifeln beginnen konnte.

Euler wurde in die Zeit des Spätbarocks hineingeboren, in welcher die Mathematik noch keine eigenständige Fachdisziplin darstellte. Verbunden mit der Theologie war sie einer unter dem Dach der Philosophie stehenden Gesamtbetrachtung unterworfen. An den Universitäten gab es noch keine eigenständige physikalisch-mathematische Fakultäten. Ein Umbruch in der Wissenschaft vollzog sich unter der geistigen Kraft von Männern wie Bacon, Galilei, Kepler, Descartes und Hobbes und den genialen Gestalten eines Newton, Leibniz, Huygens, Locke, Spinoza. Ein dynamischer Funktionalismus wechselte eine statische Naturauffassung scholastischer Prägung ab. Der von Leibniz und Wolff vertretene Rationalismus stand sich unversöhnlich dem Empirismus von Newton und Locke gegenüber. Die Mathematik trat aus dem Schatten eines gewissen Mystizismus in den Zustand einer exakten Wissenschaft ein. Das Infinitesimalkalkül wurde von Leibniz und Newton aufgestellt. Große Gebiete taten sich für folgende Genies auf.

Euler

(1707-1783) war ein schweizer Mathematiker, der hauptsächlich auf dem Gebiet der reinen Mathematik arbeitete und diese auch mitbegründete. Euler wurde in Basel geboren und studierte bei dem Schweizer Mathematiker Johann Bernoulli. Seinen Magistertitel erhielt Euler bereits mit 16 Jahren. Im Jahre 1727 weilte Euler auf Einladung der russischen Zarin Katharina I. in Sankt Petersburg und wurde dort Fakultätsmitglied der Akademie der Wissenschaften. Er wurde zum Professor für Physik (1730) und zum Professor für Mathematik (1733) berufen. Im Jahre 1741 kam Euler – auf die dringende Bitte des preußischen Königs Friedrichs des Großen – als Professor für Mathematik an die Akademie der Wissenschaften nach Berlin.

Euler kehrte aber 1766 nach Sankt Petersburg zurück und blieb dort bis zu seinem Tode. Kurz nach seiner Ankunft in Sankt Petersburg erblindete er infolge Altersstares. Er arbeitete trotzdem unermüdlich weiter und hinterließ ein umfangreiches Werk.

Die Mathematik des 18. Jahrhunderts war es vor allem, die von dem Schweizer gekennzeichnet war. Sein geradezu unvorstellbar umfangreiches Lebenswerk aus über 700 Büchern und Aufsätzen, zusammengefasst in 80 (noch nicht vollständig publizierten) Bänden, weist ihn als vielseitigsten und produktivsten Mathematiker der Mathematikgeschichte aus. Seine Kreativität und Produktivität wurde nicht im mindesten durch sein Augenleiden geschwächt, an dem er zuletzt erblindete. Als lebenslange Stützen dienten ihm sein Glaube und seine Vielzahl von Kindern und Enkelkinder, in deren Anwesenheit und Spiel Euler selbst gut arbeiten konnte. Er hatte die besondere Fähigkeit, seine ganze Konzentration auf eine Aufgabe zu fokussieren. Seine Kraft der inneren Schau ist der des inneren Hörens des tauben Beethoven.

Arbeiten auf dem Gebiet der Mathematik: Er baute die von Descartes geforderte analytische Methode aus und wandte sie auf die Geometrie und Probleme der Mechanik. Er forderte die Arithmetisierung und Formalisierung der Naturwissenschaften. Lehrbücher zur Analysis und Algebra: ' Introductio in analysin infinitorum (1748)', 'institutiones calculi diferentialis (1755)', die dreibändige 'institutiones calculie integrales (1768)', 'Vollständige Einleitung zur Algebra'. Anwendung der Vektorrechnung in der Physik (z.B. Einführung des Begriffs des Trägheitsmoments, Variationsrechnung, kombinatorische Topologie (Eulersche Polyederformel), Beiträge zur Zahlentheorie, Geometrie, Reihenlehre sowie zur Theorie der gewöhnlichen und partiellen Differentialgleichung en und zur Differentialgeometrie.

Beiträge zur Physik: Umfassende Darstellung der analytischen Mechanik (Mecanica 1736),' Theorie der Planetenbewegung (1744)', 'Neuen Grundsätze der Artillerie (1755)', Wellentheorie des Lichtes, 'Dioptrika (1769) Begründer der Hydrodynamik und Strömungslehre', Theorie des Kreises (Eulersche Kreiselgleichungen, Eulersche Winkel), Prinzip der kleinsten Wirkung.

Die Bedeutung seiner Beiträge zur **Philosophie und Musik** wurden erst später erkannt.

Die Eulerschen Reihen für π^2, π^4,

$$\frac{\pi}{4} = 5\arctan\left(\frac{1}{7}\right) + 2\arctan\left(\frac{3}{79}\right)$$

$$\frac{\pi}{4} = 2\arctan\left(\frac{1}{3}\right) + \arctan\left(\frac{1}{7}\right)$$

$$\frac{\pi^2}{6} = \frac{2^2}{(2^2-1)} \times \frac{3^2}{(3^2-1)} \times \frac{5^2}{(5^2-1)} \times \frac{7^2}{(7^2-1)} \times \frac{11^2}{(11^2-1)} \times \cdots$$

$$\arctan x = \sum_{n=0}^{\infty} \frac{2^{2n}(n!)^2}{(2n+1)!} \times \frac{x^{2n+1}}{(1+x^2)^{n+1}}$$

$$\frac{\pi}{2} = \frac{3}{2} \times \frac{5}{6} \times \frac{7}{6} \times \frac{11}{10} \times \frac{13}{14} \times \frac{17}{18} \times \frac{19}{18} \times \frac{23}{22} \times \cdots$$

$$\frac{\pi^2}{6} = \frac{1}{1^2} + \frac{1}{2^2} + \frac{1}{3^2} + \cdots$$

$$\frac{\pi^4}{90} = \frac{1}{1^4} + \frac{1}{2^4} + \frac{1}{3^4} + \cdots$$

$$1-\sin x = \left(1-\frac{2x}{\pi}\right)^2\left(1+\frac{2x}{3\pi}\right)^2\left(1-\frac{2x}{5\pi}\right)^2\left(1+\frac{2x}{7\pi}\right)^2\cdots$$

$$\frac{\pi^3}{32} = \frac{1}{1^3} - \frac{1}{3^3} + \frac{1}{5^3} - \frac{1}{7^3} \cdots$$

Euler gewann 1734 in seiner Arbeit 'De Summis Serierum Reciprocarum' aus seiner Produktformel

$$\sin x = x\prod_{v=1}^{\infty}\left(1 - \frac{x^2}{v^2\pi^2}\right)$$ für den Sinus die berühmten Gleichungen

$$(*)\qquad \frac{\pi^2}{6} = \sum_{1}^{\infty}\frac{1}{v^2}, \quad \frac{\pi^4}{90} = \sum_{1}^{\infty}\frac{1}{v^4}, \quad \frac{\pi^6}{945} = \sum_{1}^{\infty}\frac{1}{v^6}, \quad \frac{\pi^8}{9450} = \sum_{1}^{\infty}\frac{1}{v^8},\cdots;$$

Jakob und Johann Bernoulli hatten sich lange vergeblich bemüht, den Wert der Summe

$$\sum_{k=1}^{\infty}\frac{1}{k^2} = \frac{1}{1} + \frac{1}{4} + \frac{1}{9} + \cdots + \frac{1}{n^2} + \cdots$$ zu finden. Euler erhält die Formeln (*) aus der Identität

$$(1)\qquad 1 - \frac{1}{3!}\pi^2 x^2 + \frac{1}{5!}\pi^4 x^4 - \ldots = \frac{\sin \pi x}{\pi x} = \prod_{1}^{\infty}\left(1 - \frac{x^2}{v^2}\right),$$

die wegen $\sin z := \sum_{n=0}^{\infty}(-1)^n \frac{z^{2n+1}}{(2n+1)!}$, $\cos z := \sum_{n=0}^{\infty}(-1)^n \frac{z^{2n}}{(2n)!}$ und der Produktformel für alle

$x \in R, x \neq 0$ gilt, durch Koeffizientenvergleich, in dem er das Produkt rechts ausmultipliziert. In seiner "Einleitung in die Analysis des Unendlichen" beschreibt er das Verfahren wie folgt:

"Wenn $1 + Az + Bz^2 + Cz^3 + Dz^4 + \ldots = (1 + \alpha z)(1 + \beta z)(1 + \gamma z)(1 + \delta z)\ldots$ ist, so müssen diese Faktoren, mag deren Anzahl eine endliche und unendliche sein, eben jenen Ausdruck $1 + Az + Bz^2 + Cz^{3+}Dz^4 + \ldots$ wieder hervorbringen, wenn man sie wirklich mit einender multipliziert."

Dadurch erhält er

$$A = \alpha + \beta + \gamma + \delta ...,$$
$$B = \alpha\beta + \alpha\gamma + \alpha\delta + \beta\gamma + \beta\delta + \gamma\delta + ...$$

Anwendung auf (1) liefert sofort $\dfrac{1}{3!}\pi^2 = \sum_1^\infty \dfrac{1}{v^2}$ und hiermit weiter

$$\frac{1}{5!}\pi^4 = \frac{1}{2}\sum_{\mu\neq v}^\infty \frac{1}{\mu^2}\cdot\frac{1}{v^2} = \frac{1}{2}\sum_{v=1}^\infty \frac{1}{v^2}\left(\sum_{\mu=1}^\infty \frac{1}{\mu^2} - \frac{1}{v^2}\right) = \frac{1}{2}\sum_{v=1}^\infty \frac{1}{v^2}\left(\frac{\pi^2}{6} - \frac{1}{v^2}\right),\ \text{was zur zweiten Formel}$$

aus (*) führt. Euler zeigt mit seiner Methode, dass jede Summe $\sum_1^\infty \dfrac{1}{v^{2k}}$ ein rationales Vielfaches

von π^{2k} ist; genauer gilt $\sum_1^\infty \dfrac{1}{v^{2k}} = (-1)^{k-1}\dfrac{(2\pi)^{2k}}{2(2k)!}B_{2k}$ für k=1,2,... wo $B_2, B_4, B_6,...$ die

Bernoulli'schen Zahlen sind.[23]

Die Konvergenzgüte der Reihen $\sum \dfrac{1}{v^k}$ ist schlecht; ungefähr 10 Millionen Glieder werden benötigt,

um $\dfrac{1}{6}\pi^2$ mittels der ersten Eulerschen Reihe bis auf 7 Stellen hinter dem Komma genau
anzugeben.

Newton

(1642-1727) war englischer Mathematiker und Physiker. Er gilt als der Begründer der
klassischen theoretischen Physik und damit der exakten Naturwissenschaften. Als
einer der bedeutendsten Wissenschaftler der Neuzeit leistete er grundlegende
Beiträge in vielen Wissenschaftsgebieten. Seine Entdeckungen und Theorien bildeten
den Grundstock für ein naturwissenschaftliches Weltbild, das über zwei Jahrhunderte
Gültigkeit hatte.

Newton wurde als Sohn eines Landwirtes (vgl. Ramanujan) 1643 in Woolsthorpe bei
Grantham (Linconshire) geboren. Nach dem Besuch einer höheren Schule in Grantham, begann Newton sein
Studium 1661 am Trinity College der Universität von Cambridge. Nach seinem Abschluss wurde er 1667 dort
als 'minor fellow' aufgenommen und mit der Verleihung der Magisterwürde 1668 auch vollwertiges Mitglied.
In dieser Zeit entwickelte er bereits bahnbrechende theoretische Ansätze über die Natur des Lichtes, über die
Gravitation und die Planetenbewegungen. Tangenten-, Flächen- und Schwerpunktsberechnungen gehörten zu
seinem Aufgabenfeld. Diese Bemühungen mündeten zuletzt in der Begründung der Infinitesimal und
Differentialrechnung.

---

[23] Beweis für diese allgemeine Formel findet der Leser in **Ebbinghaus**: Grundwissen Mathematik 3 (Analysis1) und 5
(Funktionentheorie 1)

1669 wurde er bereits als Nachfolger seines Lehrers I. Barrow Professor der Mathematik in Cambridge. Seine Aufnahme 1672 in die Royal Society wurde mit deren Präsidenten Schaft 1703 gekrönt. Als Vorsteher der königlichen Münze bekämpfte er das Falschmünzer Wesen.

Arbeiten auf dem Gebiet der Physik: Newton formuliert in seinem Hauptwerk 'Mathematische Prinzipien der Naturlehre' die nach ihm benannten Axiome der Mechanik (1.Aktionsprinzip: Dynamische Grundgleichung F=ma, 2. Wechselwirkungssprinip: actio=reactio, 3. Trägheitsprinzip).
1666 formuliert er das Gravitationsgesetz. Die Anwendung seiner theoretischen Mechanik und des Gravitationsgesetzes auf die Himmelskörper machen ihn zum Begründer der Himmelsmechanik. Hier wurde zum ersten Mal die Gültigkeit der irdischen Naturgesetze auf die der Himmelskörper übertragen und damit eine radikale Abwendung von der aristotelischen Physik zu einer einheitlichen Naturwissenschaft der Neuzeit.
Weiterhin: Erklärung der Gezeiten, Grundlagen zur Potentialtheorie, Untersuchung von Strömungs- sowie Schwingungsvorgängen, entdeckte die Abhängigkeit des Brechungsindex von der Farbe des Lichtes (Dispersion), die Zusammensetzung des Lichtes aus verschiedenen Spektralfarben.

Arbeiten auf dem Gebiet der Mathematik: Angeregt durch Descartes und Wallis entwickelt er die Infinitesimalrechnung (Newtons Bezeichnung Fluxionsrechnung). Wichtigstes Hilfsmittel waren die Reihenentwicklungen von Funktionen. Beweis des binomischen Lehrsatzes für rationale Exponenten. Umfassende Quadraturmethoden mittels Reihen, geometrische Probleme darunter bewegungsgeometrische Erzeugung algebraischer und transzendenter Kurven, Entwicklung eines Interpolationsverfahrens, des Newtonschen Näherungsverfahrens, sowie Klassifikation algebraischer Kurven 3 Ordnung.
Heftiger Prioritätenstreit mit Leibniz um die Erfindung der Infinitesimalrechnung, und mit R. Hooke wegen optischer Experimente und deren Ergebnisse. Heute ist die zeitliche Unabhängigkeit der Entdeckungen voneinander nachgewiesen.

Kindler: Die Großen der Weltgeschichte, Bd VI

Newton hatte sich seit 1666 mit Untersuchungen über unendliche Reihen beschäftigt. Er stellte unter vielem anderen darin den binomischen Satz in allgemeinster Form mit gebrochenen Exponenten auf. Er fand das Umkehrungsprinzip einer Potenzreihe und dadurch aus der schon

bekannten Reihe für $\ln(1+x) = x - \dfrac{x^2}{2} + \dfrac{x^3}{3} - \dfrac{x^4}{4} + \cdots$

die *Exponentialreihe*
$$e^x := \sum_{n=0}^{\infty} \frac{x^n}{n!} = 1 + \frac{x}{1!} + \frac{x^2}{2!} + \frac{x^3}{3!} + \frac{x^4}{4!} + \cdots$$

die *Sinusreihe*
$$\sin x = \frac{x^2}{2!} - \frac{x^3}{3!} + \frac{x^5}{5!} - \cdots$$

die *Cosinusreihe*
$$\cos x = 1 - \frac{x^2}{2!} + \frac{x^4}{4!} - \frac{x^6}{6!} + \cdots$$

sowie die *arcsin-Reihe* $\quad \arcsin x = x + \dfrac{1}{2}\dfrac{x^3}{3} + \dfrac{1\cdot 3}{2\cdot 4}\dfrac{x^5}{5} + \dfrac{1\cdot 3\cdot 5}{2\cdot 4\cdot 6}\dfrac{x^7}{7} + \cdots$

Die ersten Reihen wurden noch vor der Entwicklung der Infinitesimalrechnung gefunden. Deshalb taten sich ihre Entdecker mit deren Ableitungen schwer.

Als dann tatsächlich in der zweiten Hälfte des 17. Jahrhunderts unabhängig voneinander Isaac Newton und Gottfried Wilhelm Leibniz (1646-1716) die Differential- und Integralrechnung vorlegten, brach eine Welle von Reihenentwicklungen für Pi aus. Newton selbst fand die folgende Pi-Reihe auf der Basis der Arcsin-Reihe:

$$\pi = \frac{3\sqrt{3}}{4} + 24\left(\frac{1}{12} - \frac{1}{5\cdot 2^5} - \frac{1}{28\cdot 2^7} - \frac{1}{72\cdot 2^9} - \cdots \right)$$

und berechnete 1665 damit Pi auf 15 Stellen; davon waren 13 korrekt. Dazu schrieb er: „Ich schäme mich, wenn ich Ihnen sage, auf wie viele Stellen ich diese Berechnung ausführte, weil ich gerade nichts Anderes zu tun hatte.".

Gauß

Carl Friedrich (1777-1855) war Mathematiker, Astronom und Physiker. Als Professor für Astronomie (ein Hinweis, dass die Bedeutung der Mathematik zu jener Zeit noch nicht erkannt worden war) und Leiter der Sternwarte in Göttingen galt er schon zu Lebzeiten als 'Princeps mathematicorum'.

In seinem Werk finden sich bedeutende Einzelleistungen auf vielen Gebieten der Mathematik. Er legte das fachwissenschaftliche Fundament einiger Gebiete der Mathematik und sein Vermögen, Zusammenhänge zwischen Einzelergebnissen zu finden, formte die Mathematik zu einem einheitlichen Denkgebäude. Charakteristisch für ihn sind neben seiner Genialität und Übersicht, die bis in letzte Einzelheiten gehende, exakte Durchführung seiner Ideen. Dabei zeigte er stets einen praktischen Sinn für die Anwendung und Messung.

Seine außergewöhnliche Begabung wurde frühzeitig erkannt. Mit Hilfe eines Stipendiums vom damaligen Herzog von Braunschweig besuchte er das Collegium Carolinum in Braunschweig und anschließend in der Zeit 1795-1798 die Universität von Göttingen. Diesem Herzog sollte Gauß aus Gründen der Dankbarkeit sein ganzes Leben lang treu bleiben. 1799 wurde er aufgrund einer Dissertation über den Fundamentalsatz der Algebra an der Universität Helmstedt promoviert.

Arbeiten auf dem Gebiet der Mathematik: Seine 'Untersuchungen über höhere Arithmetic' ('Disquisitiones arithmaticae' 1801) ist das grundlegende Werk der modernen **Zahlentheorie**, darunter der Nachweis der Möglichkeit der **Konstruktion des Siebzehnecks** mit Zirkel und Lineal (erster Fortschritt diesbezüglich seit der Antike) und die Theorie der **quadratischen Formen** (mit dem erstmals von ihm bewiesenen quadratischen **Reziprozitätsgesetz**). 1828 veröffentlicht er sein differentialgeometrisches Werk 'Allgemeine Flächentheorie', darunter das wichtige 'Theorema egregium'. Weitere Arbeiten zur Theorie der unendlichen Reihen, hypergeometrische Differentialgleichung und Reihe, Methoden der numerischen Mathematik, weitere Beweise zum Fundamentalsatz der Algebra. Eine bereits 1800 entwickelte Theorie der elliptischen Funktionen und der Modulfunktionen, Untersuchungen zur komplexen Funktionentheorie sowie sehr weit fortgeschrittene Arbeiten zur nicht-euklidischen Geometrie wurden erst durch die Veröffentlichung seines Nachlasses bekannt. Mit seinem Namen verbinden sich allgemein bekannte Inhalte wie der Gaußsche Algorithmus zur Lösung von Gleichungssystemen, die Gaußsche Normalverteilung (die mit seinem Portrait auf dem 10 DM-Schein abgebildet sind) und die Gaußsche Zahlenebene.

Arbeiten auf dem Gebiet der Physik: Ab 1816 war Gauß mit der Vermessung des Königreiches Hannover beschäftigt. Er vervollkommnete dabei die Methoden der Geodäsie, erfand zur Verbesserung der Messungen das Heliotrop (Sonnenwendespiegel), leistete Arbeiten über Kartenprojektionen (Gaußsche Koordinaten).
Ab 1828 Erforschung des Erdmagnetismus mit dem Physiker Wilhelm Weber, Erfindung des Bifilarmagnetometer, Erstellung des nach ihm benannten absoluten physikalischen Maßsystems (CGS-System mit den drei Grundeinheiten Zentimeter cm, Gramm g, Sekunde s, die elektrostatischen (magnetischen) Einheiten werden über das elektrostatische (magnetische) Coulomb´sche Gesetz eingeführt; 1 Gauß = Maß für die Stärke eines Magnetfeldes, heute Tesla). Der von ihm 1833 entwickelte elektromagnetische Telegraph wurde technisch nicht weiterentwickelt. Weitere Beiträge zur Mechanik (darunter das Gaußsche Prinzip des kleinsten Zwanges), Potentialtheorie und geometrischen Optik.

Arbeiten auf dem Gebiet der Astronomie: 1801 entdeckt W.Olders den Planetoiden Ceres an einer von Gauß vorausberechneten Stelle. Gauß veröffentlichte seine hierzu entwickelten Methoden der astronomischen Bahnbestimmung (darunter die Methode der kleinsten Quadrate). In seinem astronomischen Hauptwerk 'Theoria motus corporum coelestium' (Theorie der Bewegung der Himmelskörper 1809) gibt er der theoretischen Astronomie eine neue Grundlage.

Eine der schnellsten modernen Pi-Berechnungsmethoden beruht auf eine Formel, die bereits von dem deutschen 'princeps mathematicorum' Carl Friedrich Gauß (1777-1855) um ca.1800 aufgestellt wurde. Danach ruhte die Formel im Verborgenen, um erst wieder 1976 von Eugene Salamin und Richard Brent unabhängig voneinander entdeckt zu werden.
Von daher erscheint diese Formel in der Fachliteratur unter den Namen 'Brent-Salamin-Iteration' oder 'Gauß-Legrende-Methode'. Arndt (Fußnote: Arndt: Pi. Algorithmen, Computer, Arithmetic, S.64ff) bezeichnet sie als Gauß-AGM-Algorithmus, da sie besonders durch das arithmetisch-geometrische Mittel (AGM) geprägt ist.

Die Formel lautet $\pi = \dfrac{2\,AGM^2(1,\frac{1}{\sqrt{2}})}{\frac{1}{2} - \sum\limits_{j=1}^{\infty} 2^j c_j^2}$. Das wesentliche ist die Funktion AGM(a,b) als

Kombination von arithmetischen (Durchschnitt zweier additiv verbundener Größen, z.B. Schulnoten)

und geometrischen Mittel (Durchschnitt zweier multiplikativ verbundener Größen, z.B. Zinssätze). Das AGM wird nicht direkt, sondern iterativ berechnet, indem in jedem Schritt die Ergebnisse des vorhergegangenen Schrittes benutzt und verbessert werden.

Die **AGM-Vorschrift** lautet:

Initialisiere	$a_0 = a;\ b_0 = b$
Iteriere (k=1,2,3, …) Dann konvergieren die a_k und b_k zum selben Grenzwert AGM(a,b)	$a_{k+1} = \dfrac{a_k + b_k}{2};\quad b_{k+1} = \sqrt{a_k \cdot b_k}$
Es ist nützlich und üblich die Hilfsgröße c einzuführen, die gegen Null konvergiert.	$c_{k+1} = \dfrac{1}{2}(a_k - b_k)$ $c_{k+1}^2 = a_{k+1}^2 - b_{k+1}^2 = (a_{k+1} - a_k)^2$

Gauß rechnete eigenhändig einige Fälle durch, um sich das numerische Verhalten des AGM klarzumachen. Z.B. erhielt er mit den Eingangswerten a = $\sqrt{2}$ und b = 1 folgende Zahlen: Der AGM(1,2) beträgt offenbar 1,19814...

Arithmetisches Mittel	Geometrisches Mittel	Genaue Stellen
a = 1,414213562373095048802	b = 1,000000000000000000000	0
a = 1,207106781186547524401	b = 1,189207115002721066717	0
a = 1,198156948094634295559	b = 1,198123521493120122607	4
a = 1,198140234793877209083	b = 1,198140234677307205798	9
a = 1,198140234735595207441	b = 1,198140234735592207439	19

Das Gaußsche Zahlenbeispiel zeigt die herausragende Qualität des AGM. Seine quadratische Konvergenz verdoppelt nach jedem Schritt die Anzahl genauer Stellen. In der Pi-Formel vererbt die AGM-Funktion ihre gute Konvergenz an die Berechnungsgeschwindigkeit von Pi weiter.

Der **Gauß-AGM-Algorithmus** lautet

Initialisiere	$a_0 = 1;\ b_0 = 1/\sqrt{2};\ s_0 = 1/2$
Iteriere (k=0,1,2,…,K-1)	$a_{k+1} = \dfrac{a_k + b_k}{2};\quad b_{k+1} = \sqrt{a_k \cdot b_k}$ $c_{k+1}^2 = (a_{k+1} - a_k)^2;\quad s_{k+1} = s_k - 2^{k+1} c_{k+1}^2$
Berechne als Näherungswert für Pi	$p_K = \dfrac{(a_K + b_K)^2}{2 s_K}$

Diese wenigen Zeilen beschreiben einen der besten Algorithmen zur Berechnung von Pi. Bereits nach drei Iterationsschritten erhält man 19 richtige Nachkommastellen von Pi.

Schritt	pK	Genaue Stellen
1	3,14...	3
2	3,14159264...	8
3	3,141592653589793238...	19

Die Schwierigkeit bei der Implementierung besteht darin, dass für Milliarden von Stellen ein sehr großer Speicher nötig wäre. Es müssen neue Zahlarten im Speichermanagement des Rechners definiert werden. Weiterhin kommen bei jedem Schritt Operationen mit langen Zahlen vor. Diese langen Operationen müssen aus kürzeren Operationen zusammengesetzt werden. Diese muss man gegeben falls aus Bibliotheken in das Programm einbinden.

Neben dem AGM enthält die Gaußsche Pi-Formel die sogenannte lemniskatischen Funktionen. Diese Funktionen haben ihren Namen von der Lemniskate (Lemniskos gr. = Bänchen, Schleife), mit der sich Gauß schon im jungen Alter beschäftigte.

Definition: Die Lemniskate ist die Menge aller Punkte, für die das Produkt der Abstände von zwei festen Punkten F_1 und F_2 den Wert $(F_1F_2/2)^2$ besitzt. Ihre Gleichung lautet in Polarkoordinaten $r^2 = \cos 2\theta$.[24]

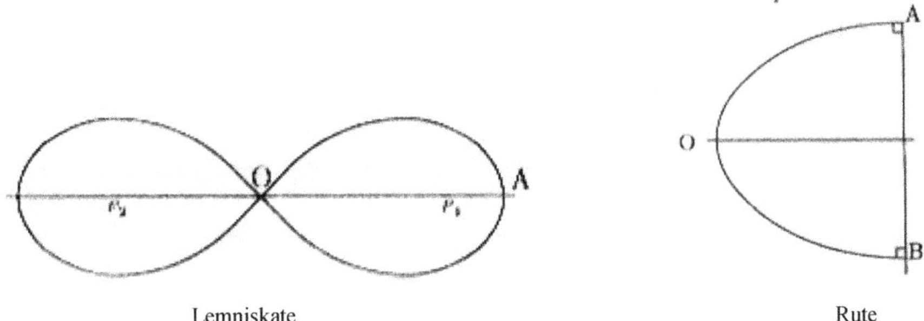

Lemniskate   Rute

Als sich Gauß ihr zuwandte war sie bereits 100 Jahre alt. Sie wurde von Jakob **Bernoulli** über die elastische Kurve gefunden. Die elastische Kurve entsteht, wenn man eine Rute solange durchdrückt, bis sich ihre Enden im rechten Winkel zur gedachten Verbindungslinie ihrer Endpunkte befinden. Sie kann in Form eines Integrals angegeben werden: $y = \int_0^x \dfrac{z^2 dz}{\sqrt{1-z^4}}$. Historisch wichtiger als diese Gleichung wurde die der Bogenlänge AOB. $\varpi = 2\int_0^1 \dfrac{dz}{\sqrt{1-z^4}} = 2{,}62205755...$. Bernoulli war auf der Suche nach einer analytisch besser handhabbaren Formel für sie und fand sie in der Lemniskate, deren

halben Umfang durch das Integral $\varpi = 2\int_0^1 \dfrac{dz}{\sqrt{1-z^4}}$ gegeben ist.

Noch im 18 Jh. wurde die elastische Kurve und die Lemniskate in vielen mathematischen Aufsätzen behandelt. Der vielseitige Leonard Euler entwickelte in den Jahren 1751 ausgehend von der Lemniskate eine erste Stufe der Theorie der elliptischen Integrale. Dabei fand er eine Beziehung zwischen den beiden zitierten Integralen

$$\int_0^x \frac{z^2 dz}{\sqrt{1-z^4}} \cdot \int_0^1 \frac{dz}{\sqrt{1-z^4}} = \frac{\pi}{4}$$

Gauß begann seine Untersuchungen mit dem schon bekannten Problem, eine Lemniskate in gleiche Teile zu teilen. Dies führte ihn über die 'lemniskatischen Funktionen'

$$\sin lemn(\int_0^x \frac{1}{\sqrt{(1-z^4)}} dz) = x \quad und \quad \cos lemn(\frac{\varpi}{2} - \int_0^x \frac{1}{\sqrt{(1-z^4)}} dz) = x \,,$$

die er für komplexe Zahlen definierte, zu einer Konstruktion (ein Jahr nach seiner Entdeckung des regelmäßigen 17-Ecks) mit Zirkel und Lineal, mit der die Lemniskate in 5 gleiche Teile teilbar ist.[25] Besonders spornte Gauß die erkennbare Analogie der lemniskatischen Funktionen zu den Kreisfunktionen an, wie z.B. $\varpi = 2\int_0^1 \frac{dz}{\sqrt{1-z^4}}$ und $\frac{\pi}{2} = \int_0^1 \frac{1}{\sqrt{1-z^2}} dz$. Gauß begann den Ausdruck

$\frac{\pi}{\varpi}$ 1798 zu untersuchen. Im gleichen Jahr soll er, Arndt zufolge, 'alles' über den Quotienten π/ϖ gewusst haben. Mai 1799 schreibt Gauß: "Dass das AGM zwischen 1 und $\sqrt{2}$ gleich π/ϖ ist, haben wir bis zur elften Dezimalziffer bestätigt; wenn dies bewiesen sein wird, so ist damit sicher ein wahrhaft neues Feld der Analysis erschlossen."[26] Dieser Fund $\frac{\pi}{\varpi} = AGM(\sqrt{2},1) = 1,19814 \ldots$ führt zwei scheinbar auseinander liegende Gebiete zusammen, nämlich dem AGM und den lemniskatischen Funktionen, die ihrerseits eng mit den elliptischen Integralen zusammenhängen. Diese Vermutung (die wiewohl bei Gauß Realitätssinn beinahe Tataschen waren) sollte durch Arbeiten von Jacobi und Riemann bestätigt werden. Im Zitat gibt Gauß an, dass er zu jenem Zeitpunkt noch nicht über einen Beweis verfügte. Sein Ergebnis erzielte er durch einfachen Vergleich. Obwohl Mathematiker sich hüten, aus bloßer numerischer Übereinstimmung auf ein Gesetz zu schließen, besaß Gauß eine Ahnung, dass hier keine Zufälligkeit im Spiel sein konnte. Seine Rechenfertigkeit half Gauß oft, gewisse Ergebnis auf ihre erfolgsversprechende Richtigkeit zu überprüfen.

---

[24] Schülerduden. Die Mathematik II. 3 Aufl., 1991. S.240 macht darüber mehr Angaben als das Mathematische Wörterbuch II vom Josef Naas und Hermann Schmid, 3 Aufl., 1965
[25] Henrik **Abel** (1802-1829) dehnte das Ergebnis aus und fand, dass bei der Lemniskate genau die gleichen Verhältnisse wie beim Kreis gelten und insbesondere auch dort eine 17-Teilung mit Zirkel und Lineal möglich ist.

Ramanujan

Srinivasa Aiyangar mathematischer Rang ist angesichts seiner höchst bescheidenen Schulbildung besonders erstaunlich. Die jüngsten Berechnungsverfahren für Pi beruhen direkt oder in Ableitung auf seinen Reihenentwicklungen für Pi (neben anderen Sachgebieten). Der Großteil seines kurzen Lebens verbrachte er in Einsamkeit und Krankheit. Seine Ideen und Erkenntnisse hielt er in 'Notizbüchern' fest, bei denen es sich um persönliche Aufzeichnungen (im Gegensatz seine wenigen Veröffentlichungen in London) in einer eigenwilligen Formelsprache handelt. Viele seiner Theoreme schrieb er ohne Beweis nieder. Obwohl dieser Nachlass fachwissenschaftlich in vielen Teilen noch unzugänglich ist, sieht man ihn als Bereicherung der reinen Mathematik als auch der mathematischen Physik.

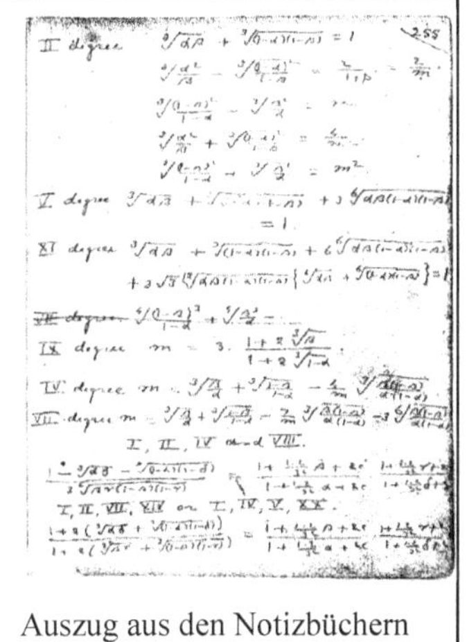

Auszug aus den Notizbüchern

<u>1. Lebensphase (1887-1914):</u> Ramanujan wurde im Dezember 1887 in Erode (Südindien) als Sohn armer Eltern (Brahmanenkaste) geboren. Aufgrund seines Auftretens als mathematisches Wunderkind bekam er als Siebenjähriger ein Stipendium für den Besuch einer Schule.

Seine mathematischen Kenntnisse erwarb sich Ramanujan durch das Studium von ausschließlich fünf Mathematikbüchern. So studierte er als Zwölfjähriger das umfangreiche Buch 'Plane Trinogometry' von S.L.Loney, darin werden unter anderem Logarithmen komplexer Größen, unendliche Summen und Produkte diskutiert.

Zwei Jahre später entlieh er sich die zweibändige "Synopsis of Elementary Results in Pure and Applicated Mathematics' von Shoobridge Carr, das eine zusammengestellte Sammlung von über 6000 Theoremen auf dem Wissensstand von 1860 enthält. Daraus bestand Ramanujans mathematische Grundausbildung. Die Mathematik faszinierte ihn derart, dass er sich ausschließlich auf sie konzentrierte. Die Folgen zeigten sich bei der Prüfung des staatlichen Colleges (1903) und vier Jahre später an der Universität von Madras. Er muss aber weiterhin Beziehungen zu Mathematikern unterhalten haben, denn 1910 setzt ihm der Förderer der Mathematik Ramachandra Rao, auf Empfehlung indischer Mathematiker ein Stipendium aus. Mit seiner ersten Veröffentlichung im 'Journal of the Indian Mathematical Society' begann man, seine außerordentlichen Geisteskräfte zu verstehen. 1912 nimmt er eine Arbeit im Büro einer Handelsgesellschaft von Madras an. Dort empfiehlt ihm ein englischer Ingenieur, einige seiner Arbeiten, britischen Mathematikern zukommen zu lassen. Indien war zu jener Zeit noch englische Kolonie.

<u>2. Aufenthalt in England (1914-1918):</u> Von drei Mathematiker erkannte der zu jener Zeit beste britische Mathematiker, Godfrey H.**Hardy** aus Cambridge, die Genialität der Ramanujanschen Ergebnisse. Er und sein enger Mitarbeiter John E.**Littlewood** verweilten einige Stunden über die 120 Theoremen und Formeln, die Ramanujan ihnen zugesandt hatte, und kamen zu dem Ergebnis, dass

---

[26] Carl Friedrich **Gauß**: Werke (Göttingen, 1866-1933) X.2, S.43

jenes das Werk eines Genies sein musste. Auf einer persönlichen Genialitätsskala für Mathematiker stufte er Ramanujan auf 100 Punkte ein, den Deutschen David **Hilbert** auf 80 Punkten, Littlewood auf 30 und sich selber auf 25 Punkten. Einige der Formeln seien ihm, Hardy, völlig unverständlich, aber dennoch "müssen sie richtig sein, denn wenn sie falsch wären, hätte niemand die Phantasie aufgebracht, sie zu erfinden." Zur Verdeutlichung seines mathematischen und persönlichen Erlebnisses mit Ramanujan sei ein Kettenbruch skizziert. Sie gehören zu den schönsten Hinterlassenschaften, aber auch zu denen, die sich am schwersten beweisen ließen.

$$\cfrac{1}{1+\cfrac{e^{-2\pi\sqrt{5}}}{1+\cfrac{e^{-4\pi\sqrt{5}}}{1+...}}} = \left[\frac{\sqrt{5}}{1+\sqrt[5]{5^{3/4}(\frac{\sqrt{5}-1}{2})^{5/2}-1}} - \frac{\sqrt{5}+1}{2}\right]e^{2\pi/\sqrt{5}}$$

Auf sofortiger Einladung von Hardy reiste Ramanujan nach einigen religiösen Bedenken nach England, wo er mit Hardy zusammen am Trinity College zusammenarbeitete und gemeinsam mit ihm bahnbrechende Arbeiten veröffentlichten. 1917 wurde Ramanujan Mitglied der Royal Society und des trinity College in London. Sein Ruhm wuchs, seine Gesundheit verfiel rapide. Man vermutet, dass der Grund dafür und seinem baldigen Ableben ein bereits in Indien einsetzender Vitaminmangel die Ursache gewesen sei.

<u>3. Indien (1918-1920):</u> Als Ramanujan in Indien zurückkehrte, galt er in der jungen indischen Intellektuellenszene als Kultfigur. Aufgrund seiner Krankheit musste er eine Professur an der Hindu-Universität von Benares bedauernd ablehnen. Er verstarb im April 1920 im Alter von 32 Jahren in Kumbakonam.

Beiträge auf dem Gebiet der Mathematik: Ramanijan hinterließ eine Vielzahl von mathematischen Arbeiten und Problemen. Trotz beschränkter Schulbildung gelang ihm nahezu im Alleingang das Gedankengebäude der Zahlentheorie zu einem großen Teil zu rekonstruieren und es um eigene Sätze und Formeln zu bereichern. Aufbauend auf seiner Erforschung der Modulargleichungen formulierte er exakte Ausdrücke für Pi und leitete daraus Näherungen her.

Eine Liste der Gebiete, auf denen Ramanujan gearbeitet hat, liest sich folgendermaßen: Partitionen, Mock Theta-Funktionen, statistische Mechanik, Lie Algebra, Wahrscheinlichkeitstheorie, modulare Formen, elliptische Funktionen, komplexe Multiplikation, hypergeometrische Reihen, q-Reihen, Asymptotik und Beta-Integrale. Borwein: Ramanujan und die Zahl Pi. Spektrum der Wissenschaft 4 (1988) S.97ff

Brockhaus-Lexikon Bd. 18, S.47

Ramanujans Arbeiten zu Pi sind wesentlich aus der Erforschung von Modulargleichungen entstanden. Eine Modulargleichung ist eine algebraische Beziehung zwischen einer Funktion f(x) und ihrer Variablen x, in der statt x eine ganzzahlige Potenz (gibt die Ordnung der Modulargleichung an) von x steht, z.B. $f(x^2)$ oder $f(x^5)$. Die einfachste Modulargleichung ist die zweiter Ordnung:

54

$$f(x) = \frac{2\sqrt{f(x^2)}}{1 + f(x^2)}.$$ [27] Nicht jede Funktion gehorcht einer solchen Gleichung, sondern nur die sogenannten Modulfunktionen. Zur Verdeutlichung nehme man sich aus bekanntem, mathematischem Wissen die einfachste Differentialgleichung f(x) = cf'(x), deren eine Lösung f(x) = $ae^{x/c}$ ist.

Ihre Symmetrieeigenschaften geben ihnen in der Mathematik eine Sonderrolle. Ramanujan war im Auffinden von Lösungen (genannt Singulärwerte) einer Modulargleichung, die bestimmten Bedingungen genügen sollte, unerreichbar.

Ein Beispiel für eine Modulfunktion ist $\lambda(q) = 16q \prod_{n=1}^{\infty} (\frac{1+q^{2n}}{1+q^{2n-1}})^8$.

Die zugehörige Modulargleichung siebter Ordnung, die $\lambda(q)$ und $\lambda(q^n)$ verknüpft, lautet

$$\sqrt[8]{\lambda(q)\lambda(q^7)} + \sqrt[8]{\left[1-\lambda(q)\right]\left[1-\lambda(q^7)\right]} = 1$$

Eine spezielle Sorte von singulären Werten für diese Modulargleichung entsteht, wenn man eine Folge von Werten k_p nach der Formel berechnet und für p ganzzahlige Werte annimmt.

$$k_p = \sqrt{\lambda(e^{-\pi\sqrt{p}})}$$

Diese singulären Werte haben die Eigenschaft, dass der logarithmische Ausdruck

$$\frac{-2}{\sqrt{p}} \log(\frac{k_p}{4})$$

auf viele Dezimalstellen mit Pi übereinstimmen. Die Anzahl der Dezimale wächst mit zunehmendem p. Für p = 210 stimmen die Werte bis auf 20 Stellen überein. $k_{2^{40}}$ liefert eine Näherung mit über einer Million richtiger Stellen. In seinem Brief an Godfrey Hardy gab er für p = 210 den Wert an.[28]

$$k_{210} = (\sqrt{2}-1)^2(2-\sqrt{3})(\sqrt{7}-\sqrt{6})^2(8-3\sqrt{7})(\sqrt{10}-3)^2(\sqrt{15}-\sqrt{14})(4-\sqrt{15})^2(6-\sqrt{35})$$

Mit diesem allgemeinen Ansatz erzeugte er zahlreiche bemerkenswerte Darstellungen unendlicher Reihen sowie Formeln zur Näherung von Pi. Eine davon ist mit Fakultät n!

$$\frac{1}{\pi} = \frac{\sqrt{8}}{9801} \sum_{n=0}^{\infty} \frac{(4n)!\left[1103 + 26390\,n\right]}{(n!)^4\,396^{4n}}$$

Ramanujas Ergebnisse beflügeln nicht nur Mathematiker wie die Brüder Borweins, die es mit seiner Hilfe geschafft haben, allgemeinere Zusammenhänge und Sätze zu finden, sondern auch Physiker. Probleme der statistischen Mechanik werden mit ihnen gelöst und von Physikern in der Theorie der Superstrings angewendet.

---

[27] **Borwein** und **Borwein**: Ramnujan und die Zahl Pi. Spektrum der Wissenschaft 4 (1988) S.97ff
[28] ebenda

Hätten wir die ersten tausend Nachkommastellen von Pi vor uns 3,1415...1989 könnten wir ohne sonstige Kenntnisse über ein Berechnungsverfahren nicht sagen, wie es weitergeht. Für Statistiker ist Pi insofern merkwürdig, als sie einerseits einer deterministischen Regel 'gehorcht', andererseits zwar nur empirisch belegt aber nicht bewiesen ist, dass sie alle Eigenschaften einer Zufallsfolge hat.

Kann aber nicht auch die Wahrscheinlichkeitsrechnung einen Zugang zu Pi ermöglichen? Statistische Verfahren mit einer sehr großen Anzahl von Versuchen nennt man Monte-Carlo Methoden (weil es eben auch bei der Spielbank um den Zufall geht).

Monte-Carlo Methode oder Pi durch Zufallsregen

Es soll Pi mit einer MC-Integration berechnet werden. Gegeben sei ein Quadrat mit der Kantenlänge a, das einen Kreis mit dem gleichen Durchmesser a einschließt. Setzt man die Flächen des Quadrates und des Kreises ins Verhältnis, so erschließt sich folgender Zusammenhang:

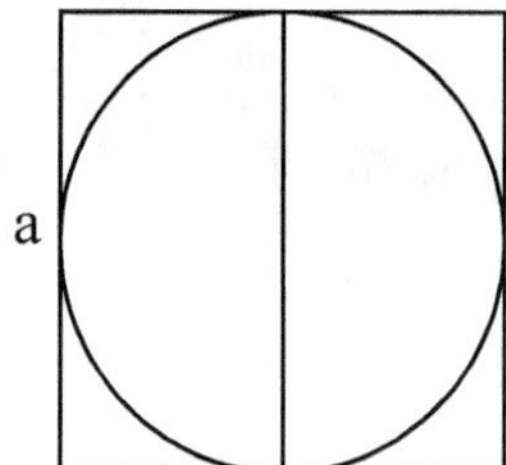

$$\frac{A_{Kreis}}{A_{Quadrat}} = \frac{\frac{\pi}{4} a^2}{a^2} \Leftrightarrow \pi = 4 \frac{A_{Kreis}}{A_{Quadrat}}$$

Auf dieses Quadrat werden gleichmäßig verteilt 'Pfeile' geworfen, wobei als 'Treffer' die Fälle zählen, bei denen der Pfeil im Kreis landet. Die Anordnung ähnelt grob dem bekannten Dartspiel. Mit zunehmender Anzahl der Würfe (g) nähert sich der Anteil der Treffer (t) dem Verhältnis von Kreis zu Quadrat.

$$\lim_{g \to \infty} \frac{t}{g} = \frac{F(Kreis)}{F(Quadrat)} = \frac{\pi r^2 / 2}{r^2} = \frac{\pi}{4}$$

Zur Abschätzung des Verhältnisses wird nach Monte-Carlo ‚integriert‘. Der Algorithmus ist:

- ein Zufalls-Generator wählt x- und y-Werte zwischen 0 und a

- mit dem Satz des Pythagoras wird überprüft, ob der gewählte Punkt (x,y) in-/außerhalb des Kreises
  liegt

- bei oftmaliger Wiederholung werden die Treffer im Kreis gezählt

Für Pi erhält man bei möglichst großer Zahl von Würfen folgende Abschätzung: $\pi \approx \dfrac{4t}{g}$

Das folgende Diagramm zeigt, wie sich der so berechnete Wert von Pi mit zunehmender Zahl von Schüssen (MC-steps) verändert. Eine allmähliche Näherung an den exakten Pi–Wert ist erkennbar.

Das hier geschilderte Verfahren wird als naives Monte Carlo bezeichnet. Bei Monte Carlo Simulationen von Fluiden wird der Zufall nach Regeln, die sich aus dem jeweiligen physikalischen Problem ergeben, gezielter eingesetzt und man erhält genauere Ergebnisse.

Bild: Quelle aus dem Internet, aber nicht wiedergefunden

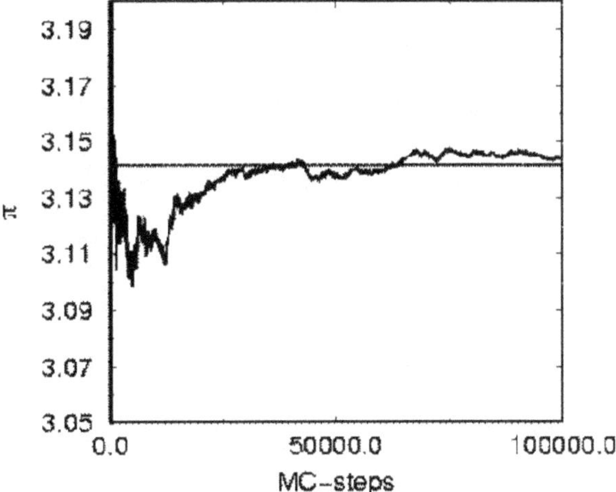

Mäder führt einen Feldversuch an, der auf der Phänomena-Ausstellung in Zürich 1984/85 durchgeführt wurde: Die Besucher konnten Kugeln hochwerfen, die dann in einen Kreiszylinder fielen oder auch nicht. Der Zwischenstand wurde aktuell angezeigt.

Ein ähnliches ließe sich auch in einer Klasse durchführen. Man nehme fünf leichte, mit Klettverschluss versehene Bälle (wie sie in Spielwarenläden zu kaufen gibt) und werfe sie gegen ein präpariertes 'Dartbrett' aus Stoff. Geworfen wird mit verschlossenen Augen.

Das Buffonsche Nadelproblem

Als weitere Anwendung einer solchen Methode unternahm der französische Naturforscher George Louis Leclerc Comte de **Buffon** (1707 - 1788) folgendes Nadelexperiment:

Die Länge der Nadel werde als Längeneinheit genommen und sei hier auf 1 normiert. Eine Parallelenschar hat genau diese Länge als jeweiligen Abstand voneinander. Die Nadel wird zufällig auf die parallelen Geraden geworfen. Mit welcher Wahrscheinlichkeit trifft die Nadel eine der eingezeichneten Parallelen?

Der Abstand des Mittelpunktes der gefallenen Nadel bis zur nächstgelegenen Geraden wird mit x bezeichnet. Schnitt bzw. Berührung erfolgt für: $x \leq 0{,}5 \cdot \sin \varphi$ mit $0 \leq x \leq 0{,}5$ und $0 \leq \varphi \leq \pi$ (1).

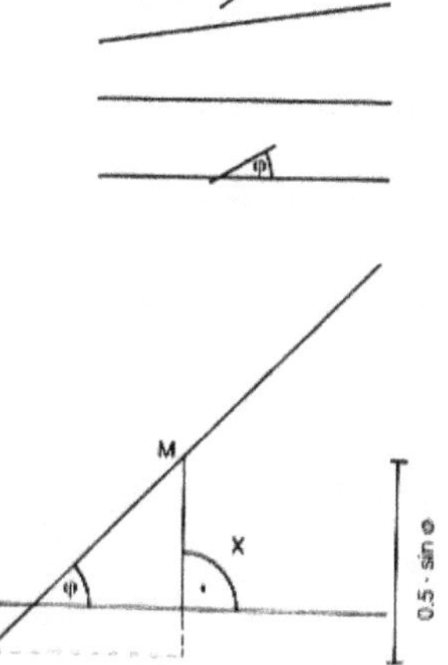

Die Zuordnung $x = 0{,}5 \cdot \sin\varphi$ lässt sich aber in einem Koordinatensystem darstellen. Für die Bedingungen (1) schneidet bzw. berührt die Nadel eine der parallelen Geraden. Für alle anderen Fälle muss das Gegenteil gelten.

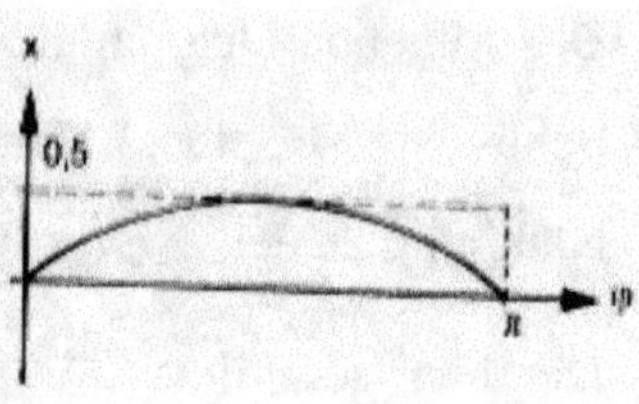

Die gesuchte Wahrscheinlichkeit lässt sich angeben in Form von:

$$\frac{\text{Inhalt der Fläche unter der Kurve}}{\text{Inhalt der Rechtecksfläche}} = \frac{1}{0{,}5\pi} = \frac{2}{\pi} = 0{,}6366...$$

Wenn in einer Klasse mit 30 Schülern jeder 100-mal die Nadel wirft, hat man bereits einen Großversuch mit 3000 Versuchen. Solche Versuche wurden früher tatsächlich (heute durch Computer-simulation) durchgeführt. Folgende Tabelle führt überlieferte Ergebnisse an:

Experiment von	Jahr	Anzahl der Würfe	Pi$_{\text{Experimentell}}$
Wolf	1850	5000	3,1596
Smith	1855	3204	3,1553
Fox	1894	1120	3,1419
Lazzarini	1901	3408	3,1415929

Pi und Teilerfremdheit

Die Wahrscheinlichkeit, dass zwei zufällig gewählte ganze Zahlen zueinander teilerfremd sind, beträgt $\dfrac{6}{\pi^2}$[29]. Eine Pi-Approximation lässt sich durchführen, indem man genügend viele Paare von Zufallszahlen ermittelt und diese auf Teilerfremdheit überprüft (mit Hilfe des Euklidischen Algorithmus). Aus dem Verhältnis der Anzahl von teilerfremden Paaren t zur Gesamtzahl der Versuche g lässt sich eine Pi-Näherung bestimmen. Es gilt: $\lim\limits_{n \to \infty} \dfrac{t}{n} = \dfrac{6}{\pi^2} \Rightarrow \pi \approx \sqrt{\dfrac{6n}{t}}$. Arndt berichtet von einem Feldversuch, den W.W. Rouse Ball[30] mit 50 Studenten durchgeführt hatte. Sie sollten 5 Paare von Zufallszahlen hinschreiben, also insgesamt 250 Zahlenpaare. Davon erwiesen sich 154 als teilerfremd. Dies führte über $6/\pi^2 = 154/250$ zu $\pi \approx 3{,}12$.

---

[29] **Arndt**: Pi. Algorithmen, Computer, Arithmetic, S.27. Wie man zu diesem Ergebnis kommt, wird nicht angegeben. Mathematisch stammt diese wohl bewiesene Behauptung aus der Zahlentheorie

[30] ausführlicher **Ball**, W.W. Rouse: Mathematical Recreations and Essays, 11th edition. London 1963

Was bedeuten 68 719 470 000 Nachkommastellen von Pi?

In Anbetracht der unvorstellbaren Anzahl von Nachkommastellen, die Kanada '97 errechnete, folgen einige interessante Fakten, die die gewaltige Ziffernmenge vorstellbar machen: [31]

ZEITVERGLEICHE   Würde man jede *Sekunde* eine Ziffer zählen, so vergingen darüber *2179 Jahre.*

1 Quadratmillimeter große Ziffern würden am Äquator

LÄNGENVERGLEICHE

aneinandergereiht *1,7147*-mal um die Erde reichen.

Jede Ziffer dürfte genau *0,5832 mm* breit sein, damit alle Ziffern als aneinandergereihte Folge genau einmal am Äquator um die Erde reichen.

Wenn die Ziffern aus dünnstem Blattgold bestehen würden, so bildeten sie aufeinandergeschichtet eine Säule von *4,81 km Höhe.*

Wäre jede Ziffer einen Meter breit, das ergäbe eine Ziffernfolge von *68719470 km.* Das ist 0,46 der Entfernung Erde - Sonne. Ein Dauerfußgänger würde für diese Strecke *1307,448 Jahre* benötigen, ein Verkehrsflugzeug *9,8 Jahre.* Das Licht benötigt für diese Strecke immerhin *3,82 Minuten.*

Wäre jede Ziffer einen Kilometer breit, so ergäbe sich eine Ziffernfolge von *68719470000 km.* Das ist ein Hundertsiebenunddreißigstel Lichtjahr. Das Licht benötigt für diese Entfernung *63,673 Stunden.*

VOLUMENVERGLEICHE: *68719470000* kleine Würfel von 1 Kubikmillimeter Volumen ergäben einen Würfel mit einer Kantenlänge von *4,096 m* bzw. eine Kugel mit einem Durchmesser von 5,082 m.

68719470000 Körnchen feinsten Ostseesandes ergäben ein Volumen von *2,474 Litern.*

Würden *68719470000 Luftmoleküle* genommen, so nähmen sie unter Normal-Bedingungen nur einen Raum von *2,5577 Millionstel Kubikmillimeter* ein.

Die Erde in *68719470000 Würfel* geteilt ergäbe Würfel von einer Kantenlänge von *2,5 km.* Diese nebeneinandergestellt ergäbe eine Strecke von *172291037576,5 km.* das ist *1151,678*-mal die Entfernung Erde - Sonne.

FLÄCHENVERGLEICHE:

Wenn jede Ziffer nur einen Quadratmeter beanspruchen würde,
so füllten sie einen *Kreis* mit einem Durchmesser von *295,798 km*.

Wenn jede Ziffer nur einen

Quadratmilli-meter beanspruchen

würde, so füllten sie ein Quadrat, das

eine Kantenlänge von *262,144 m* hat.

Wäre jede Ziffer 1 mm x 1mm groß, so passten   alle   Nachkommastellen auf *550902 A4-Blätter*

(beidseitig). Bei durchschnittlich dickem Papier ergäbe sich ein *55,91 Meter* hoher Papierstapel.

Die Ziffern würden vollständig die Erdoberfläche bedecken, wenn jede

von ihnen *86,15 m x 86,15 m* (ca. wie ein Fußballfeld) groß wäre.

Pi, Computer und moderne Berechnungsmethoden

Die Realität ist das reinste Chaos.   Georg Christoph Lichtenberg

Betrachtet man die Tatsache, dass sich Mathematiker der Schwierigkeit unterwerfen, neue, schnellere Algorithmen zur Berechnung von Pi zu finden, um sodann in stundenlanger Rechenarbeit wertvolle Computerzeit von Großrechnern zu verbrauchen, 'nur um anschließend 100000e Seiten lange Ausdrücke von Milliarden Stellen der Zahl Pi zu generieren, dann ist die Frage der Zweckmäßigkeit erlaubt. Die Wissenschaftler müssen sie zwangsläufig beantworten, wenn sie für ihre Arbeit neue Forschungsgelder beantragen wollten.

Für den Durchschnittsbürger reichen folgende Fakten: Um den Umfang eines Kreises auf 1 mm genau zu bestimmen, genügen 4 Dezimale, wenn der Radius weniger als 30 m betragen soll; Nimmt man anstelle den Erdradius genügen 10 Dezimale; und nimmt man einen Kreis, dessen Radius so groß ist wie der Abstand der Erde zur Sonne, so reichen für einen millimetergenauen Umfang 15 Dezimale von Pi aus.

Um das neueste Pi auszudrucken, bräuchte man 5000 Bände von je 1000 Seiten oder 80 CDs oder man würde sich es aus dem Internet in einer Übertragungszeit[32] von 6 Wochen auf die Festplatte laden (beim zweitjüngsten Pi von 6,4 Milliarden Stellen, Übertragungszeit 5 Tage).

Die Entwicklung von elektronischen Computern ermöglichte die Berechnung von Pi auf viele Nachkommastellen. Sie sind ideal dazu geeignet, Zahlen unermüdlich nach denselben Rechenschritten zu berechnen. Obwohl die zunehmende Schnelligkeit immer mehr Dezimale

---

[31] Quelle: 'Der Club der Freunde der Zahl Pi', nach Längen-, Flächen- und Volumenvergleiche geordnet
[32] ftp://www.cc.u-tokyo.ac.jp/README.our_latest_record

entwickelte, traten dennoch bald unüberwindliche Grenzen auf. Eine Verdoppelung der Stellenzahl bedeutete mit herkömmlicher Computerarithmetik eine Vervierfachung der Rechenzeit. Demnach hätte das Programm von Guilloud und Bouyer mit einem hundertmal schnelleren Computer mindestens 25 Jahre benötigt, um Pi auf eine Milliarde Stellen zu berechnen.

Weltrekorde

Die heutigen Weltrekorde zur Berechnung der Zahl Pi wurden durch drei Faktoren möglich:

1. Entwicklung der FFT-Multiplikation (Fast-Fourier-Transformation):

Zahlreiche geläufige Algorithmen, wie z. B. das Multiplizieren, wie Kinder es in der Grundschule lernen, alles andere als optimal sind, wenn es um große Zahlen geht. In der Informatik bewertet man die Effizienz eines Algorithmus durch die Bestimmung seiner Bitkomplexität: Sie gibt an, wie oft die einzelnen Ziffern von binär dargestellten Zahlen während der Ausführung des Algorithmus addiert oder multipliziert werden. Die herkömmliche Addition hat eine Bitkomplexität, die proportional zu n zunimmt. Bei der Multiplikation zweier n-stelligen Zahlen ist die Bitkomplexität n^2. Mit traditionellen Algorithmen ist die Multiplikation viel aufwendiger als die Multiplikation.

1971 zeigten A. Schönhage und V. Strassen, dass die Bitkomplexität der Multiplikation zweier Zahlen theoretisch nur geringfügig größer zu sein braucht als die der Addition. Bei der Multiplikation großer Zahlen kann mit Hilfe der Fast-Fourier Transformation die Zwischenberechnungen der einzelnen Ziffern so geschickt verknüpft werden, dass man jeden überflüssigen Aufwand vermeidet. Da Division und Wurzelziehen sich auf Folgen von Multiplikation zurückführen lassen, ist ihre Bitkomplexität auch nicht größer als die der Addition. Durch Einsparung an Bitkomplexität spart man enorme Rechenzeit ein.

2. Hochleistungsalgorithmen haben die Merkmale, dass sie iterativer Art sind und der Rechenaufwand für größere Berechnungen wesentlich langsamer steigt, als bei den früher verwendeten Arctan-Formeln und damit unendlichen Reihen. Ein iterativer Algorithmus ist eine arithmetische Operation, die von einem Computerprogramm immerzu wiederholt werden, wobei das Ergebnis eines Durchlaufs als Eingabe für den nächsten Durchlauf dient.

Um Pi auf Hunderte Millionen Stellen berechnen zu können, musste erst eine elegante Formel wiederentdeckt werden, die der Mathematiker Carl Friedrich Gauß bereits um 1800 entwickelte (s. Kapitel Newton, Euler, Gauß). Der Algorithmus besitzt die Eigenschaft der quadratischen Konvergenz (d.h. bei jeder Iteration verdoppelt sich die Anzahl der richtigen Stellen). Dieser Algorithmus schlummerte über 150 Jahre in 'papierenen Kissen', ehe ihn Salamin und Brent unabhängig voneinander wiederentdeckten. Yasuma Kanada von der Universität Tokio erzielte mit diesem Algorithmus mehrere Rekorde.

Auf der Suche nach Gründen der schnellen Konvergenz des **Gauß-AGM-Algorithmus** entwickelten Mathematiker ähnliche Algorithmen, die äußerst schnell gegen Pi sowie andere Zahlen konvergieren. Der Ausgang war die Entwicklung der Theorie der elliptischen Integrale (ausgehend von dem

Mathematiker Karl Gustav Jacobi, Ansätze bereits bei Gauß), die ihrerseits auf Modulargleichungen dritter, vierter und noch höherer Ordnung beruhen. Elliptische Integrale kann man nicht durch geschlossene Formeln angeben, aber sie lassen sich durch iterative Verfahren leicht approximieren.

Mit Hilfe von Modulargleichungen entwickelte der indische Mathematiker Srinivana Ramanujan (s. Kapitel Ramanujan) Reihenentwicklungen für die Zahl Pi mit extremer Konvergenz, die man seither **Ramanujansche Reihen** bezeichnet. Ein Beispiel dafür sei folgende Reihe, bei der jeder Summand acht richtige Stellen liefert.

$$\frac{1}{2\pi\sqrt{2}} = \frac{1103}{99^2} + \frac{27493}{99^6} \cdot \frac{1}{2} \cdot \frac{1\cdot3}{4^2} + \frac{53883}{99^{10}} \cdot \frac{1\cdot3}{2\cdot4} \cdot \frac{1\cdot3\cdot5\cdot7}{4^2\cdot8^2} + \ldots$$

Seit seiner Veröffentlichung mit dem Titel 'Modular Equations and Approximations to π' im Jahre 1914, in denen er 30 Pi-Formeln angibt, vergingen bis 1985 viele Jahre und man mag sich fragen, warum diese Reihen nicht schon früher eingesetzt wurden. Der Grund liegt darin, dass solche Reihen ohne Computer, also mit Bleistift und Papier, nicht vernünftig über mehrere Reihenglieder zu benutzen sind. Ramanujan feierte in den 80-iger Jahren posthum ein richtiges Comeback. Er wurde auf Kongressen und in Fachzeitschriften diskutiert.

Infolgedessen beschäftigten sich Forscher mit diesen Reihen vom Ramanujan-Typ. Eine spektakuläre und dennoch praktisch brauchbare (wie sich zeigte) Ramanujan-Reihe wurde von den **Brüdern Chudnovsky** aufgestellt. Sie lautet

$$\frac{1}{\pi} = \frac{12}{\sqrt{640320^3}} \sum_{k=0}^{\infty} (-1)^k \frac{(6k)!}{(k!)^3 (3k)!} \frac{13591409 + 545140134\,k}{(640320^3)^k}$$

Mit dieser Reihe, die 15 Stellen pro Reihenglied liefert, haben sie 1989 Pi auf über eine Milliarde Stellen berechnet. Erstaunlich dabei ist weiterhin, dass sie sich für diese Berechnung einen brauchbaren Computer aus 'Kaufhauskomponenten' zusammenstellten.

Die Spitze des Eisbergs stellt die von Arndt, einem Neuling auf diesem Gebiet und Verfasser des hervorragenden, deutschsprachigen Buches über die Zahl Pi, aufgestellte Reihe dar. Er spricht in ihrem Zusammenhang von einem Muster, nach welchem neben den Brüdern Borwein er vorgegangen ist. Dabei wird aber nicht klar, ob sie vom Computer generiert wurde oder ob sie als Folge einer Modulargleichung zu sehen ist.

$$\frac{1}{\pi} = \frac{1}{\sqrt{-12J}} \sum_{k=0}^{\infty} \frac{(6k!)}{12^k (3k)!(k!)^3} \frac{A + kB}{J^k}$$

worin:

A := 5280419026080999965452185 + 23614751784000701705688000√ + 32√
(1089172855117117820046743621239520916038565601 7 +
4870929086578810225077338534541688721351255010√)$^{1/2}$

B := 6541592044580522675241457 50 + 29254888985507766908046720 0√5 +
209664√3110(6260208323789001636993322654444020882161 +
2799650270306044429657720689071882590235√5)$^{1/2}$

$$J := -[17897749588626020 + 800411694488 7336\sqrt{5} + 108\sqrt{5}(10985234579463550323713318473$$
$$+ 4912746253692362754607395912\sqrt{5})^{1/2}]^3$$

In den jüngsten Hochleistungsberechnungen von Pi wurden die Ramanujan-Reihen durch iterative Algorithmen ersetzt. Damit sind zwangsläufig zwei Mathematiker angesprochen, die neben der Tatsache, dass sie Brüder sind und aus einer Mathematiker Familie stammen (vgl. die Bernoullis aus Basel), die Pi-Forschung anführen (von allen ihrer Publikationen stehen davon 20% im Zusammenhang zu Pi). Alle Algorithmen, nach denen heute Rekorde in der Pi-Berechnung erzielt werden, sind Borweinsche Entwicklungen. Es sei beispielhaft ein Algorithmus angeführt, auch wenn er hier nicht weiter erklärt und somit nachvollzogen werden kann.

Borwein-Algorithmus der Ordnung 5

Initialisiere	$s_0 = 5(\sqrt{5}-2)$; $a_0 = 1/2$
Iteriere ($k = 0,1,2,...$)	$s_{k+1} = \dfrac{25}{s_k(z + x/z + 1)^2}$
wobei	$x = 5/s_k - 1$
	$y = (x-1)^2 + 7$
	$z = (\frac{1}{2}x(y + \sqrt{y^2 - 4x^3}))^{1/5}$
	$a_{k+1} = s_k^2 a_k - 5^k(\dfrac{s_k^2 - 5}{2} + \sqrt{s_k(s_k^2 - 2s_k + 5)}) \xrightarrow{\ 5\ } \dfrac{1}{\pi}$

Die a_k konvergieren mit der Ordnung 5 zu $1/\pi$, das heißt, dass sich bei jedem Iterationsschritt die Anzahl der Stellen verfünffacht.

Lesenswert ist das Buch der Brüder Borwein und Berggren 'Pi. A Source Book', das auch bald auf Deutsch erhältlich sein wird. Darin sind 70 Originalartikel zum Themenkreis Pi als Faksimile zusammengestellt, z.B. die historisch bedeutsamen Aufsätze von Lambert zur Irrationalität von 1761 und Lindemanns zur Transzendenz von 1882. Es enthält auch wichtige Artikel der Borweins selbst. Aufgrund ihrer Grundlagenarbeit hat die Pi-Forschung einen hohen Ruf bekommen, obwohl noch viele Mathematiker glauben, das Thema sei seit Lindeamann erledigt. Es wurde schon vorgeschlagen, für π und e eigene Zweige der Mathematik einzurichten. "e-Mathematik wäre linear, explizit, der Verallgemeinerung leicht zugänglich, hoch algebraisch, und würde über die Expotentialfunktion zu Themen wie ein-parametrige Untergruppen, Lie Algebren und Gruppen-Repräsentation führen. Demgegenüber wäre die π-Mathematik nicht linear, chthonisch, kaum verallgemeinerbar, hoch analytisch und würde, über modulare Funktionen und Ramanujan-Identitäten, große Auswirkungen auf Funktionentheorie, Zahlentheorie und Kombinatorik haben."[33]

---

[33] **Arndt**: Pi. Algorithmen, Computer, Arithmetic, S.86

Damit wären alle mathematischen Zweifel über die Zweckmäßigkeit der Pi-Berechnungen ausgeräumt.

3. Entwicklungsexplosion in der Computerhardware.

Eine kurze Chronologie der Computerberechnungen soll die Ziffernexplosion verdeutlichen.

Name	Jahr	Computer	Zeit	Ziffern
Reitwiesner	1949	ENIAC	70 h	2037
Nicholson/Jeenel	1954	NORC	13 min	3092
Felton	1957	Pegasus		7480
Genuys	1958 Jan.	IBM 704		10000
Felton	1958 Mai	IBM 704	33 h	10021
Guilloud	1959	IBM 704		16167
Shanks/Wrench	1961	IBM 7090	8,7 h	100265
Guilloud/Filliatre	1966			250000
Guilloud/Dichampt	1967			500000
Guilloud/Bouyer	1973	CDC 7600		1001250
Miyoshi/Kanada	1981			2000036
Guilloud	1982			2000050
Tamura	1982			2097144
Kanada/Tamura	1982			8388576
Kanada/Tamura/Yoshino	1982			16777206
Ushiro/Kanada	1983 Okt.	Hitachi S-810		10013395
Gosper	1985	Symbolics		17526200
Bailey	1986 Jan.	Cray2		29360111
Kanada/Tamura	1986 Sep.			33554414
Kanada/Tamura	1986 Okt.			67108839
Kanada/Tamura	1987 Jan.	SX 2		134217700
Kanada/Tamura	1988 Jan.			201326551
Chudnovsky	1989 Mai			480000000
Chudnovsky	1989 Juni			525229270
Kanada/Tamura	1989 Juli			536870898
Kanada/Tamura	1989 Nov.	HITAC s-820/80		1073741799
Chudnovsky	1989 Aug			1011196691
Chudnovsky	1991 Aug.			2260000000
Chudnovsky	1994 Mai			4044000000
Takahashi/Kanada	1995 Juni			3221225466
Kanada	1995 Aug.		37 h	4294967286
Kanada	1995 Okt.		116 h	6442450938
Kanada	1997 Juli		29 h	51539600000
Kanada	1997 Sept.		32 h	68719470000
Bellard	1997 Sept.		220 h	25ßmilliardste hexadez. Stelle

Die größte gefundene

Primzahl:

$2^{3\,021\,377} - 1$

[909 526 Stellen]

Am 27.1.1998 von R. Clarkson & Team gefunden.

Es ist die 37. bekannte Mersennesche Primzahl

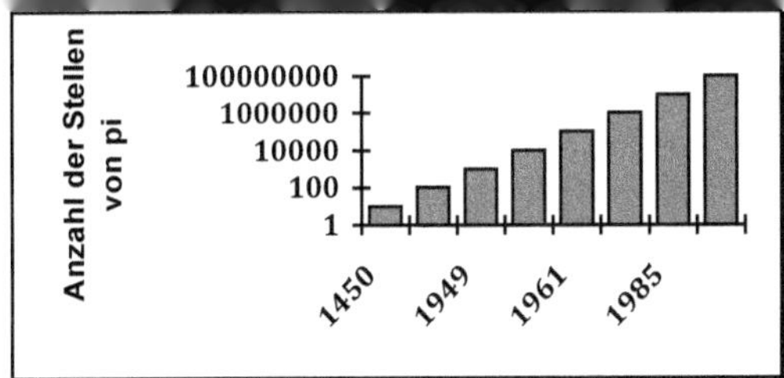

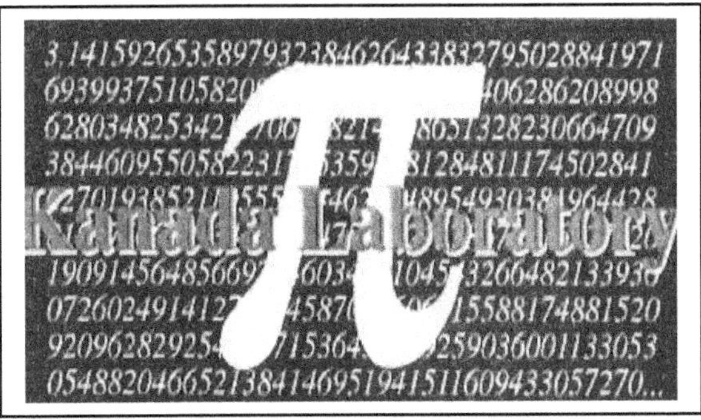

Der jüngste Weltrekord von Jasuma Kanada:

"Our latest record was established as the followings; Declared record: 68,719,470,000 decimal digits. Two independent calculation based on two different algorithms generated 68,719,476,736 (=2^{36}) decimal digits of pi and comparison of two generated sequences matched 68,719,476,693 decimal digits, e.g., 43 decimal digits' difference. Then we are declaring 68,719,470,000 decimal digits as the new world record.

Main program run: Job start: 2nd April 1999 20:14:38 Job end: 4th April 1999 05:08:41 Elapsed time: 32:54:02 Main memory: 296 GB Algorithm: **Gauss-Legendre algorithm**

Verification program run: Job start: 4th April 1999 05:08:48 Job end: 5th April 1999 20:29:25 Elapsed time: 39:20:37 Main memory: 280 GB Algorithm: **Borwein's 4-th order convergent algorithm** 60,000,000,000-th digits of pi and 1/pi.

Frequency distribution for pi-3 up to 60,000,000,000 decimal places: '0' : ??????????; '1' : ??????????; '2' : ??????????; '3' : ?????????? '4' : ??????????; '5' : ??????????; '6' : ??????????; '7' : ?????????? '8' : ??????????; '9' : ??????????; Some of interesting digits sequences; (Not checked yet.)

Programs were written by Mr. Daisuke TAKAHASHI, a Research Associate at our Computer Centre. CPU used was HITACHI SR8000 at the Computer Centre, University of Tokyo. Half of total CPU, e.g. 64PE's, were definitely used through single job parallel processing for both of programs run. Yasumasa KANADA Computer Centre, University of Tokyo Bunkyo-ku Yayoi 2-11-16 Tokyo 113-8658 Japan.

Zweck und Ziele der Berechnungen:

1. Test von Computersystemen, Standardaufgabe für Computer, Maß für deren Leistungsfähigkeit und Zuverlässigkeit, Stabilität von Algorithmen. Jeder neu entwickelte Prozessor wird einer solchen, zweifachen Pi-Berechnung unterzogen. Dies gilt auch für die Rekordrechnungen, da nach vielen Erfahrungen mit menschlichen und maschinellen Rechenfehler die Gültigkeit der Sache erst nach einer Gegenprobe feststeht. So konnte die Computerbranche einige Fehlentwicklungen korrigieren.

2. Mathematische Zweckmäßigkeit (s. oben)

Das Seilbahnverfahren oder BBP-Verfahren

Der Wettstreit um die Nachkommastellen von Pi konzentriert sich um Jasuma Kanada an der Universität Tokio und Simon Plouffe und den Brüdern Jonathan und Peter Borwein (von daher die Bezeichnung BBP) an der Simon-Fraser-Universität in Burnaby (Kanada). Vergleicht man das Unternehmen mit dem eines Bergsteigers, so kann in Anbetracht dessen, dass die ersten Pi-Stellen für jede reale Berechnung ausreichen, der Sinn nur lauten: 'Der Berg ruft'. In diesem Sinne heißt es für die Pi-Numeriker: 'Weil es Pi gibt'.

Ein echter Bergsteiger sieht es mit Missvergnügen, wenn auf einem herausfordernden Berg eine Seilbahn installiert wird: Kommt er keuchend oben an, sitzen da schon Gondelladungen erholter Touristen über ihre Brotzeit. Nun gibt es neuerdings eine Seilbahn für Pi. Borweins und Plouffe haben ein Verfahren gefunden, mit dem man eine beliebige Stelle hinter dem Komma berechnen kann, ohne die vorherigen kennen zu müssen. Man staunt darüber, dass es so etwas im Prinzip möglich ist. Das Abstract, mit welchem die drei Mathematiker zu einem Kolloquium einluden, lautete: "Über die n-te Stelle einer transzendenten Zahl oder: die 10milliardste hexadezimale Stelle von π ist eine '9' ".

$$\pi = \sum_{n=0}^{\infty} \frac{1}{16^n}\left(\frac{4}{8n+1} - \frac{2}{8n+4} - \frac{1}{8n+5} - \frac{1}{8n+6}\right)$$

Mit dieser Reihe[34] wird es möglich, eine beliebige hexadezimale Stelle in Pi zu berechnen und die nachfolgenden Stellen 'anzuhängen'. Die Formel wurde "durch eine Kombination von inspiriertem Vermuten und extensiver Suche gefunden". Sie ist neben vielen modernen, kein Ergebnis in der Mathematik, das durch Schließen oder Herleiten in einsamer Klausur entstand. Stattdessen setzten die Forscher ein Werkzeug namens 'Computeralgebra' ein. "Die Computeralgebra ist ein Wissenschaftsgebiet, das sich mit Methoden zum Lösen mathematisch formulierter Probleme durch symbolische Algorithmen beschäftigt."[35] Programme wie Maple oder Mathematica arbeiten weniger mit Zahlen, als vielmehr mit mathematischen Symbolen. Damit lassen sich Beziehungen zwischen Zahlen und anderen mathematischen Objekten überprüfen oder neue auffinden. Der eingesetzte PSQL-Algorithmus dient zum Auffinden ganzzahliger Relationen zwischen reellen Zahlen. Zu einem gegebenen Vektor $(x_1, x_2, ..., x_n)$ sucht er einen Vektor von ganzen Zahlen $\neq 0$ $(a_1, a_2, ..., a_n)$, die der Gleichung $a_1 x_1 + a_2 x_2 + ... + a_n x_n = 0$ genügt. Er wurde von David Bailey vom Ames

---

[34] **Arndt**: Pi. Algorithmen, Computer, Arithmetic, S.88 und
   Poppe: 'Mathematische Unterhaltungen'. *In* Spektrum der Wissenschaft, Mai 1997, S.10ff
[35] Definition nach **Arndt**, ebenda

Forschungszentrum der NASA entwickelt. Mit diesem Algorithmus fand man auch weitere Formeln für $\sqrt{2}$, π^2 und andere Konstanten.

Die Mathematiker hatten mit dem Algorithmus andere Zusammenhänge entdeckt und fütterten ihn nach vielen vergeblichen Versuchen schließlich mit $x_2 = \sum\limits_{n=0}^{\infty} \dfrac{1}{16^n(8n+1)}, \ldots, x_8 = \sum\limits_{n=0}^{\infty} \dfrac{1}{16^n(8n+7)}$, $x_1 = \pi$ und erhielten als Ergebnisvektor (1,-4,0,0,2,1,1,0). Setzt man in $a_1x_1 + a_2x_2 + \ldots + a_nx_n = 0$ ein, bekommt man obige Formel. So ist also diese Reihe nicht im Kopf, sondern im Computer geboren worden. Man kann mit ihr Pi auch von vorne berechnen, doch ist sie wegen ihrer schlechten Konvergenz dazu nicht geeignet und wird vom Gauß-Algorithmus hochgeschlagen.

Die Borweinsche Formel für π

$$\pi = \left(\frac{4}{1} - \frac{2}{4} - \frac{1}{5} - \frac{1}{6}\right) + \frac{1}{16}\left(\frac{4}{8+1} - \frac{2}{8+4} - \frac{1}{8+5} - \frac{1}{8+6}\right)$$

$$+ \frac{1}{16^2}\left(\frac{4}{16+1} - \frac{2}{16+4} - \frac{1}{16+5} - \frac{1}{16+6}\right) + \ldots$$

$$= \sum_{i=0}^{\infty} \frac{1}{16^i}\left(\frac{4}{8i+1} - \frac{2}{8i+4} - \frac{1}{8i+5} - \frac{1}{8i+6}\right)$$

Wie beweist man diese Formel? Man stellt zunächst eine Beziehung zwischen den vier Termen der unendlichen Summe und geschickt gewählten Integralen her. Für jedes k < 8 gilt

$$\int_0^{\frac{1}{\sqrt{2}}} \frac{x^{k-1}}{1-x^8} dx = \int_0^{\frac{1}{\sqrt{2}}} \sum_{i=1}^{\infty} x^{k-1+8i} dx$$

(geometrische Reihe mit dem Faktor x^8)

$$= \frac{1}{2^{k/2}} \sum_{i=0}^{\infty} \frac{1}{16^i(8i+k)}$$

(gliedweise Integration nach der Standardformel für Polynome). Setzt man für k der Reihe nach 1, 4, 5 und 6 ein, erhält man

$$\sum_{i=0}^{\infty} \frac{1}{16^i}\left(\frac{4}{8i+1} - \frac{2}{8i+4} - \frac{1}{8i+5} - \frac{1}{8i+6}\right) = \int_0^{\frac{1}{\sqrt{2}}} \frac{4\sqrt{2} - 8x^3 - 4\sqrt{2}x^4 - 8x^5}{1-x^8} dx$$

Man setze die Variable x durch $y = \sqrt{2}x$ und kürze den entstehenden Bruch mit dem gemeinsamen Faktor $y^4 + 2y^3 + 4y^2 + 4y + 4$. Es ergibt sich das Integral

---

$$\int_0^1 \frac{16y-16}{y^4-2y^3+4y-4}\,dy.$$

Das Nennerpolynom zerfällt in die Faktoren y^2-2 und y^2-2y+2. Durch etwas mehr Bruchrechnung zerfällt das Integral in mehrere einfachere; deren Werte heben sich weg bis auf einen:

$4\int_0^1 \dfrac{1}{(y-1)^2+1}\,dy$, und der berechnet sich zu -4arctan(-1)=π, was zu beweisen war.

Wie aber soll diese Formel helfen, an die millionste Stelle von Pi zu kommen, ohne die anderen 999999 ausrechnen zu müssen. Man stelle sich vor, im Nenner vor der Klammer stünde nicht 16^i, sondern 10^i und innerhalb der Klammer anstelle der vier Brüche einfach eine ganze Ziffer zwischen 0 und 9. Dann wäre die Formel nichts weiter als die Dezimalbruchdarstellung 3,14159...=

$$3+\frac{1}{10^1}+\frac{4}{10^2}+\frac{1}{10^3}+\frac{5}{10^4}+\frac{9}{10^5}+\ldots$$ und die n-te Stelle entspräche dem n-ten Glied der Summe.

Diesen Schönheitsfehler können die Mathematiker nicht beheben, da noch keine Formel gefunden wurde, in der anstelle der 16 die Basis 10 stünde. Man kann eben nicht erwarten, dass eine universelle Konstante wie Pi auf den Umstand Rücksicht nimmt, dass die Menschen zehn Finger haben und unser Zahlensystem darauf gegründet ist.

An die n-te Nachkommastelle kommt man mit einigen Rechentricks, indem man die ganze Formel mit 16^{n-1} multiplizieren. Die entsprechende Stelle ist die Ziffer nach dem Komma.

Zuletzt muss man sich aber doch eingestehen, dass Pi-Steigen, mit oder ohne Seilbahn, im Vergleich zu Bergsteigen weniger zielorientiert ist. Es gibt weder einen Gipfel, noch ist der Weg (und wohl das Wetter) unvorhersagbar.

Definition von Pi mittels Kreismessung

Sind r_i, d_i, U_i, F_i die Maßzahlen für den Radius, den Durchmesse r, dem Umfang und dem Flächeninhalt eines Kreises K_i (i = 1,2,3, ...), so gilt wegen der Ähnlichkeit aller Kreise untereinander:

$$\frac{U_1}{d_1} = \frac{U_2}{d_2} = \frac{U_3}{d_3} = ..und \frac{I_1}{r_1^{\,2}} = \frac{I_2}{r_2^{\,2}} = \frac{I_3}{r_3^{\,3}} = ...$$

Das Verhältnis der Maßzahl des Umfangs U eines Kreises zur Maßzahl seines Durchmessers d ist also für alle Kreise gleich. Die durch dieses Verhältnis U/d eindeutig definierte Zahl heißt Pi.

Andersseits ist das Verhältnis der Maßzahl des Flächeninhalts I eines Kreises zur Maßzahl des Flächeninhalts desjenigen Quadrates, dessen Seite gleich dem Radius des Kreises ist, ebenfalls für alle Kreise gleich. Bezeichnet man dieses Verhältnis mit λ , so gilt wegen der zwischen den Maßzahlen U, I und r eines jeden Kreises bestehenden Beziehung

$$I = \frac{1}{2} r \cdot U \quad dieGleichheit \quad \lambda = \frac{I}{r^2} = \frac{\frac{1}{2} r \cdot U}{r^2} = \frac{U}{d} = \pi$$

Also ist die Zahl Pi gleichzeitig auch gleich dem Verhältnis der Maßzahl des Flächeninhalts eines Kreises zur Maßzahl des Flächeninhalts des über dem Radius als Seite konstruierten Quadrates.

Archimedes erkannte, dass es sich in beiden Fällen um die gleiche Konstante handelt. Die klassische geometrische Definition ist

$$\boxed{\pi = U/d \Leftrightarrow U = 2\pi r} \qquad \boxed{\pi = F/r^2 \Leftrightarrow F = \pi r^2}$$

Wie kann man aber den Flächeninhalt und den Umfang eines Kreises 'ausmessen'? Anders gesagt, wie kann man dem Flächeninhalt und dem Umfang eines Kreises eineindeutig eine Maßzahl zuordnen?

Vom 'naiven' Standpunkt aus betrachtet, gilt, dass jeder Kreis aus der Anschauung heraus einen Flächeninhalt und einen Umfang besitzt und mit festgesetzten Einheiten ausgemessen werden kann. Der exakte Standpunkt verlang jedoch zunächst die Präzisierung des Inhaltsbegriffes bzw. Umfangsbegriffes krummlinig begrenzter Figuren und anschließend den Nachweis, dass der Kreis einen Inhalt bzw. Umfang im präzisierten Sinne besitzt; dann erst ist Pi exakt definiert, etwa als Inhalt oder halber Umfang des Einheitskreises. Die allgemeine Präzisierung dieser Begriffe wird in der Integralrechnung bzw. Maßtheorie durchgeführt. Der gewonnene elementargeometrische

Inhaltsbegriff für den Einheitskreis deckt sich natürlich mit dem Inhaltsbegriff, wie er mit Hilfe der Integralrechnung eingeführt wird.

Definition von Pi mittels der Analysis

Im Laufe der Geschichte erwies sich, dass Pi auch mit Mitteln der Analysis definierbar ist. Dazu verwendet man Integrale. Für den Einheitskreis (Radius r = 1) gilt anhand des Satzes des Pythagoras $r^2 = x^2 + y^2 = 1$. Der funktionale Zusammenhang zwischen der Abszisse und Ordinate besteht folgendermaßen aus $y = \sqrt{r^2 - x^2} = \sqrt{1 - x^2}$. Das Integral[36] davon ist

$$\int_{-1}^{1} \sqrt{1-x^2}\, dx = \frac{1}{2} x\sqrt{1-x^2} + \frac{1}{2} \arcsin x \Big|_{-1}^{1} = \frac{1}{2} \arcsin 1 - \frac{1}{2} \arcsin(-1) = \frac{\pi}{2}.$$

Man kann diese und folgende Gleichungen zur Definition von Pi angeben.

$$\pi = \lim_{n \to \infty} \frac{4}{n^2} \sum_{k=0}^{n} \sqrt{n^2 - k^2}$$

$$\int_{-1}^{1} \frac{1}{\sqrt{1-x^2}} = \arcsin x \Big|_{-1}^{1} = \arcsin 1 - \arcsin(-1) = \pi.$$

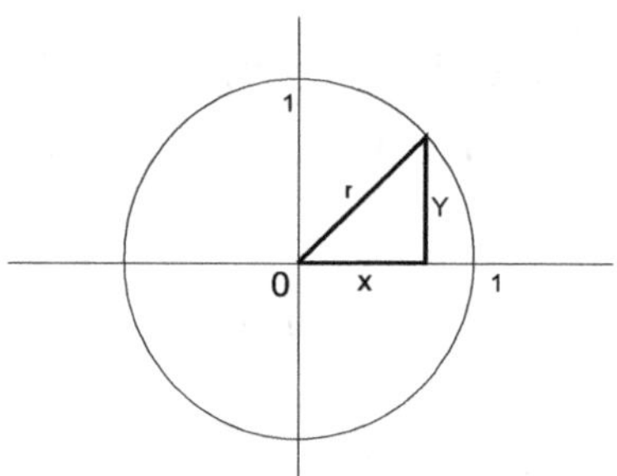

Die Nullstellen des Sinus und Cosinus

Da man in der Regel in der Analysis mit der Differentialrechnung beginnt, werden π und $\pi/2$ als Nullstellen des Sinus und Cosinus eingeführt. Man definiert $\pi/2$ als die kleinste positive Nullstelle der durch ihre Potenzreihe $\cos z := \sum_{n=0}^{\infty} (-1)^n \frac{z^{2n}}{(2n)!}$ erklärten Cosinusfunktion, wobei man die Existenz positiver Nullstellen von $\cos z$ mittels des Zwischenwertsatzes beweist.

---

[36] Integration nach **Heuser**, Harro: Lehrbuch der Analysis, S.443

In Richard **Baltzers** (1818-1887) Lehrbuch 'Elemente der Mathematik'[37] liest man: "Während x den realen Weg von 1 nach 2 zurücklegt, geht cos z ohne Unterbrechung der Continuität aus dem Positiven ins Negative:

$$\cos 1 = \sum_{n=0}^{\infty} (-1)^n \frac{1}{(2n)!} = 1 - \frac{1}{2} + \frac{1}{4!} - \frac{1}{6!} + \frac{1}{8!} - \frac{1}{10!}\ldots = 1 - \frac{1}{2} + \frac{1}{4!}(1 - \frac{1}{5\cdot 6}) + \frac{1}{8!}(1 - \frac{1}{9\cdot 10}) + \ldots \succ 0$$

$$\cos 2 = \sum_{n=0}^{\infty} (-1)^n \frac{2^{2n}}{(2n)!} = 1 - \frac{4}{2} + \frac{16}{4!} - \frac{2^6}{6!} + \frac{2^8}{8!} - \frac{2^{10}}{10!} + \frac{2^{12}}{12!} - \ldots = -\frac{1}{3} - \frac{2^6}{6!}(1 - \frac{2^2}{7\cdot 8}) - \frac{2^{10}}{10!}(1 - \frac{2^2}{11\cdot 12})\ldots \prec 0$$

Also gibt es zwischen 1 und 2 einen realen Werth z, bei welchem cos z Null ist. Dieser Wert ... wird durch $\pi/2$ bezeichnet."[38]

[37] **Ebbinhaus**: Zahlen, S.104
[38] zitiert aus **Ebbinghaus**: Zahlen, S. 105

Die Irrationalität von π

Johann Heinrich Lambert (1728-1777) bewies 1761, dass Pi irrational ist. Die Irrationalität einer Zahl besagt, dass sie nicht als Bruch zweier ganzen Zahlen darstellbar ist. Obwohl zum Beispiel der Bruch 355/113 = 3,1415929... eine sehr gute Annäherung darstellt, indem er Pi auf 6 Nachkommastellen angibt, so ist er jedoch nicht *gleich* Pi, und auch kein anderer, aus noch so langen ganzzahligen Zähler und Nenner bestehender Bruch, kann den exakten Wert von Pi angeben.

Lamberts Beweis basiert auf der unten ausgeführten Aussage, wonach eine Zahl genau dann irrational ist, wenn ihre Kettenbruchentwicklung unendlich ist. Besitzt arctan(1) = π/4 eine unendliche Kettenbruchentwicklung, so muss infolgedessen π/4 und damit Pi irrational sein.

$$\tan x = \cfrac{x}{1 - \cfrac{x^2}{3 - \cfrac{x^2}{5 - \cfrac{x^2}{7 - \dots}}}}$$

Lambert fand für die Tangensfunktion den unendlichen Kettenbruch und folgerte daraus die Irrationalität von tan(x) für alle reellen rationalen Argumenten x ≠ 0, insbesondere erhielt er $\pi \notin \mathbb{Q}$ wegen tan(π/4) = 1.[39] Einfacher ausgedrückt: **Ist x eine von Null verschiedene rationale Zahl, so ist tan(x) niemals rational.** Mit der Kontraposition lässt sich der Satz umkehren: tan(x) ist rational, wenn x eine von Null verschiedene irrationale Zahl ist. Da tan(π/4) = 1 rational ist, muss π/4 eine von Null verschiedene irrationale Zahl sein. Zur vollständigen Strenge fehlt dem Lambertschen Beweis ein Hilfssatz über die Irrationalität gewisser (besonders gut konvergierender) unendlicher Kettenbrüche[40]. Diesen Hilfssatz bewies 1806 Adrien-Marie Legendre (1752-1833) in der 6 Auflage seiner 'Elements de Geometrie, Note IV'.

Die Mathematiker sind mit dem Beweis einer Behauptung noch nicht zufrieden. Er muss auch möglichst einfach sein. Der heute wohl einfachste Beweis der Irrationalität von Pi stammt von Ivan **Niven** 'A simple proof, that π is irrational'[41] . Der Beweis soll als einer unter wenigen in dieser Arbeit angeführt werden.

---

[39] Die folgenden Behauptungen werden ohne Beweis, aber einleuchtend von **Drinfel'd**: Quadratur des Kreises und Transzendenz von π, S.36 dargestellt

[40] Diese Aussage bleibt Drinfel'd dem Leser schuldig

[41] Dieser Beweis wird auf *einer* Seite in **Berggrens** und **Borweins** Buch: Pi. A source book, S.276 dargestellt

Der Ansatz ist dem Beweis der Irrationalität von $\sqrt{2}$ ähnlich. Er beginnt nämlich mit einer Gegenannahme:

1. Sei $\pi = a/b$. Man definiert folgende Funktionen

$$f(x) = \frac{x^n(a-bx)^n}{n!} \quad \text{und} \quad F(x) = f(x) - f^{(2)}(x) + f^{(4)}(x) - \ldots + (-1)^n f^{(2n)}(x)$$

2. Das Polynom n!f(x) besitzt ganzzahlige Koeffizienten und Terme mit Exponenten $\geq$ n.

   f(x) und ihre Ableitungen $f^{(i)}(x)$ haben ganzzahlige Werte für x = 0.

   Ebenso für x = π = a/b, wenn gilt: f(x) = f(a/b-x).

3. Durch elementare Differentiation (Produktregel) und partieller Integration gilt:

$$\frac{d}{dx}(F'(x)\sin x - F(x)\cos x) = F''(x)\sin x + F(x)\sin x = f(x)\sin x \quad \text{und}$$

$$\int_0^\pi f(x)\sin x\, dx = F'(x)\sin x - F(x)\cos x \Big|_0^\pi = F(\pi) + F(0) \quad (1).$$

   Nun ist F(π) + F(0) dann eine natürliche Zahl, wenn $f^{(i)}(\pi)$ und $f^{(i)}(0)$ natürliche zahlen sind.

4. Aber für $0 < x < \pi$ gilt: $0 < f(x)\sin x < \dfrac{\pi^n a^n}{n!}$, so dass das Integral (1) positiv, aber beliebig

   klein für hinreichend großes n ist. Folglich ist (1) falsch und die Annahme das Pi rational ist.

Ist π normal?

Wie groß ist die Wahrscheinlichkeit dafür, dass an der bestimmten Dezimalstelle s von Pi die bestimmte Ziffer z steht? Mathematiker lehnen es ab, zu beantworten, inwieweit die Ziffernfolge von Pi zufällig ist, da sie in jeder ihrer Ziffer wohlbestimmt ist. Andererseits könnte man diese Frage aus der Position des Nichtwissenden betrachten. Wenn er wüsste, welche Ziffer an der Stelle s steht, dann ist die Wahrscheinlichkeit, dass dort ein z steht, entweder 0 oder 1. Wenn er jedoch nichts über die Stelle s weiß, dann beträgt die Wahrscheinlichkeit dafür, dass dort z steht, 1/10. In Anbetracht dessen, dass 'ganz wenige' (ca. 61 Milliarden) Nachkommastellen bekannt sind, würde ich mir die letzte Möglichkeit offenhalten.

Beim derzeitigen Stand der Zahlentheorie lautet die mathematisch sinnvolle Frage zur Zufälligkeit von Pi, ob Pi normal ist? Der Begriff der Normalität einer Zahl wird von E. Borel zuerst eingeführt, um die Frage nach der Zufälligkeit einer irrationalen Zahl formalisieren zu können.

Definition:[42] Eine reelle, irrationale Zahl x nennt man normal, wenn (in ihrer Entwicklung zur Basis b) alle Ziffern und alle m-langen Ziffernblöcke s mit gleicher Häufigkeit vorkommen. Ist N(s,n) die Anzahl des Vorkommens von s in den ersten n Ziffern (zur Basis b) von x, so gilt:

$$\lim_{n \to \infty} \frac{N(s,n)}{n} = \frac{1}{b^m}.$$ Eine Zahl wird *normal* genannt, wenn sie in allen b-adischen Entwicklungen normal ist. In der Dezimaldarstellung tritt in einer normalen Zahl die 0 mit der Häufigkeit 1/10 und der Ziffernblock 836 mit der Häufigkeit 1/1000.

Nur für unendlich lange Zahlen ist die Frage nach ihrer Normalität sinnvoll und interessant. Die Zahl Pi ist irrational, hat einen unendlich langen, nichtperiodischen Dezimal- und Kettenbruch, transzendent und könnte folglich normal sein. Es ist weder der Beweis dafür, noch der gegen ihre Normalität gelungen. Selbst, dass ein solcher Beweis unmöglich ist, ist nicht erwiesen.[43] Die Transzendenz ist kein Argument, dass in der Ziffernfolge von Pi keine regelmäßigen Muster auftreten dürfen. Umgekehrt müsste ein Muster in der Dezimalfolge von Pi nicht unbedingt bedeuten, dass Pi nicht normal ist. Wenn Pi nicht normal wäre, dann müsste sich dies in ungleicher Häufigkeit einzelner Ziffern oder Ziffernblöcke zeigen. So könnte die Ziffer 7 öfters als die 3 auftauchen.

Keiner der bis heute angestellten statistischen Tests haben eine Ordnung in Pi gefunden. So hat Yasuma Kanada in seinem Statement über seinen 51, 5 Milliarden-Weltrekord (zu trennen vom neuesten mit 64 Milliarden Stellen) gleich die Verteilung der ersten 50 Milliarden Pi-Stellen beigefügt. Die 9 scheint aus dem Rahmen zu fallen, da sie fast um eine Million öfters vorkommt als die

Ziffer	Vorkommen
0	5 000 012 647
1	4 999 986 263
2	5 000 020 237
3	4 999 914 405
4	5 000 023 598
5	4 999 991 499
6	4 999 928 368
7	5 000 014 860
8	5 000 117 637
9	5 000 990 486
alle	50 000 000 000

anderen Ziffern. Doch auch sie weicht nur um 0,002% vom Durchschnitt ab. Der $\chi^2 - Test$ liefert für die Zufälligkeit dieser Verteilung eine Wahrscheinlichkeit von ~76%[44]. Dieser Wert ist unauffällig, da erst bei Prozentsätzen oberhalb von 95% oder unterhalb von 5% würde man eine Verteilung als suspekt ansehen.

Ein solcher statistischer Test ist der 'Poker-Test'. Dabei wird die tatsächliche Anzahl von 'Pokerhänden' (sieben verschiedene Konstellationen von fünf Karten) mit der erwarteten Anzahl verglichen. Untersucht man die ersten 10 Millionen Stellen von Pi mit ihren 2 Millionen 'Pokerhänden', so ergibt sich folgende Konstellation:[45]

[42] **Wagon**, Stan: 'Is π normal?' *in* **Berggren** und **Borwein**: Pi.A source book, S.557
[43] **Arndt**: Pi. Algorithmen, Computer, Arithmetic, S.14
[44] ebenda S.14
[45] **Wagon**, Stan: 'Is π normal?' in **Berggren** und **Borwein**: Pi.A source book, S.559

Pokerhand	Muster	Erwartete Anzahl	Tatsächliche Anzahl
Alle ungleich	a b c d e	604 800	604 976
Ein Paar	a a b c d	1 008 000	1 007 151
Zwei Paare	a a b b c	216 000	216 520
Drei gleiche	a a a b c	144 000	144 375
Full House	a a a b b	18 000	17 891
Vier gleiche	a a a a b	9 000	8 887
Fünf gleiche	a a a a a	200	200

Verteilung der ersten 2 Millionen 'Pokerhände'

Der $\chi^2 - Test$ liefert den Wert 53% für diese Verteilung. Folglich ist sie unauffällig. Anders sieht es aus, wenn man kleinere Intervalle betrachtet. Das Intervall von der 3 000 001 bis zur 3 500 000 Stelle weist diese Verteilung auf:

Pokerhand	Muster	Erwartete Anzahl	Tatsächliche Anzahl
Alle ungleich	a b c d e	30 297	30 240
Ein Paar	a a b c d	50 263	50 400
Zwei Paare	a a b b c	10 877	10 800
Drei gleiche	a a a b c	7 156	7 200
Full House	a a a b b	927	900
Vier gleiche	a a a a b	459	450
Fünf gleiche	a a a a a	21	10

Ein Gegenspieler würde hier schon Verdacht schöpfen. Die Wahrscheinlichkeit, dass diese Verteilung in einer zufälligen Folge auftritt, beträgt 2,6%. Nicht viel! Aber schon im gleichgroßen, nachfolgenden Intervall korrigiert sich die Wahrscheinlichkeit wieder auf 69,5% und beide Intervalle zusammen auf 32,0%, was wiederum unverdächtig ist.

Gibt es denn einen Funken Hoffnung auf eine Sensation in den Stellen von Pi?

Martin Gardner berichtet im zitierten Artikel[46] von einem Gespräch mit 'Dr. Matrix':

"Dr. Matrix borgte sich meinen Bleistift und warf die ersten 32 Stellen von π hin."

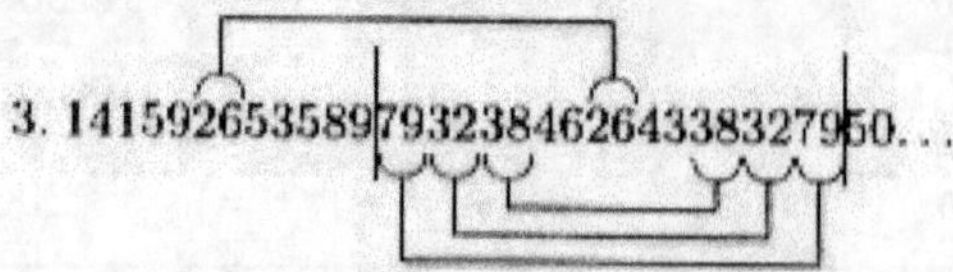

"Mathematiker sehen im Dezimalbruch von π eine Zufallsfolge, aber für einen modernen Numerologen ist sie voll von bemerkenswerten Mustern."

Er verklammerte die beiden Vorkommen von 26. "Sechsundzwanzig ist, wie Sie sehen, die erste zweistellige Zahl, die sich wiederholt. Beachten Sie nun, wie die zweite 26 den Mittelpunkt einer beidseitigen symmetrischen Folge bildet." Dr. Matrix fügte senkrechte Striche ein, um 18 Stellen abzugrenzen, dann verband er sechs andere Zahlenpaare wie im Bild gezeigt. "Die Zahlenpaare 79, 32 und 38 auf der linken Seite kommen in gleicher Weise auf der rechten Seite vor, dort aber in umgekehrter Reihenfolge!" Er zeigt auf die jeweils 5 Stellen zu beiden Seiten der ersten 26: "Die linken haben als Quersumme 20, das ist die Anzahl der Nachkommastellen vor der zweiten 26. Die rechten haben als Quersumme 30 und das ist die Anzahl der Nachkommastellen vor dem zweiten senkrechten Strich. Zusammen macht das 50 und das ist die Zahl, die dem zweiten Strich folgt. Die Folge zwischen den Strichen beginnt an der 13 Nachkommastelle und 13 ist die Hälfte von 26. Die drei Paare 79, 32 und 38 umfassen sechs Stellen, deren Quersumme 32 ergibt, und 32 ist nicht nur das mittlere Paar, sondern auch die Anzahl der hier gezeigten Nachkommastellen überhaupt. Die 46 und 43 auf jeder Seite der zweiten 26 addieren sich zu 89 und das ist die Zahl vor dem ersten Strich..."

---

[46] **Gardner**, Martin: Some comments by Dr. Matrix on symmetrics and reverals. Scientific American, January 1965, S. 110-116

Die Transzendenz von π

Die Griechen wollten Pi weniger durch Rechnung (Algebra) als durch eine geometrische Konstruktion bestimmen. Versucht wurde dieses mit der geometrischen Quadratur des Kreises. Darunter verstanden sie die Aufgabe, zu einem gegebenen Kreis ein flächengleiches Quadrat zu konstruieren. Wählt man den Einheitskreis ($r = 1$), so ist die Kreisfläche $A = \pi$. Findet man ein Quadrat dieser Fläche, so lässt sich Pi berechnen oder konstruieren. Lösungen dazu wurden reichlich gefunden, bis Euklid (330-275 v. Chr,) das Problem verschärfte, indem er die Forderung stellte, dass

1. die Konstruktion allein mit Zirkel und Lineal realisiert werden müsste,

2. sie in endlich vielen Schritten gelingen müsste (die bereits dargestellte Quadratur mit Löchern, die in unendlich vielen Schritten gelingt, macht diese Forderung einsichtiger).

Zusätzlich galt die Forderung, dass die Konstruktion theoretisch exakt (nicht etwa annähernd) sein müsste. Wird eine dieser Bedingungen fallen gelassen, wird die Quadratur des Kreises, wie wir heute wissen, unmöglich.

Erst viel später wurde der Nachweis der Unlösbarkeit der vier griechischen Konstruktionsprobleme mit Zirkel und Lineal erbracht (außerdem Verdoppelung des Würfels, die Winkeldreiteilung, beide erst mit Hilfe der modernen Algebra durch Evariste **Galois** (1811-1832) nachgewiesen, und die Konstruktion des Siebenecks). Dies ist keineswegs selbstverständlich, denn viele krummlinig begrenzte Flächen erlauben eine solche Quadratur. Beispiele sind: die 'Möndchen des Hippokrates', die 'Zaubervase'

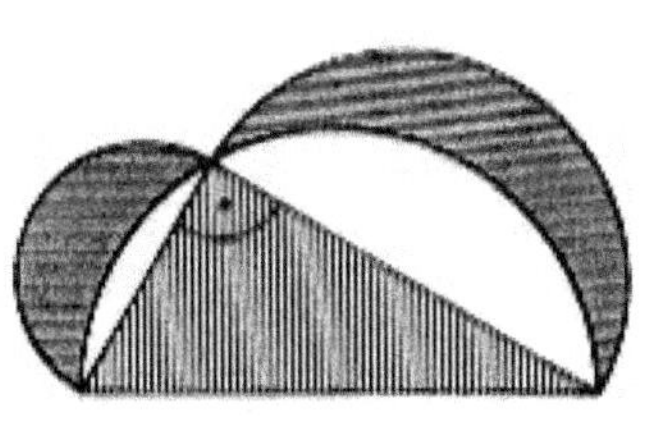

Möndchen des Hippokrates

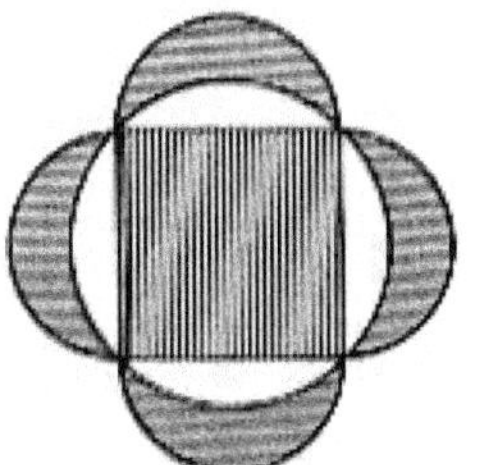

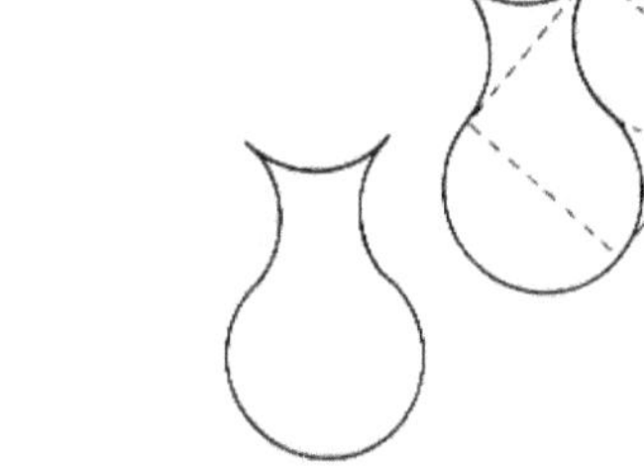

Zaubervase

oder die Fläche unter der Parabel $A = \int\limits_{0}^{g} ax^2\, dx = \frac{1}{3} ag^3 = \frac{1}{3} \cdot g \cdot ag^2 = \frac{1}{3} \cdot g \cdot h$.

1882 gelang es Ferdinand Lindemann (1852-1939) nachzuweisen, dass Pi transzendent ist. Dies bedeutet, dass Pi nicht Lösung einer algebraischen Gleichung der Form $a_n x^n + ... + a_2 x^2 + a_1 x + a_0 = 0$ mit rationalen Koeffizienten $a_n,...,a_1,a_0$ sein kann. Es ist zwar möglich, dass z.B. $9\pi^4 - 240\pi^2 + 1492$ *ungefähr* 0 ist (genauer: -0,02323...), aber es ist unmöglich, einen solchen Ausdruck zu finden, der *exakt* 0 ergibt. Dies gelang Lindemann erst durch Einbezug analytischer Schlussweisen in die zahlentheoretischen Betrachtungen. Bis es aber so weit war mussten noch andere Ergebnisse gefunden werden:

1. Legrende (schon Euler und Lambert) vermutet um 1806, dass Pi keine algebraische Zahl ist. Dies war recht kühn, da man zu jener Zeit noch nicht wusste, ob es transzendente Zahlen gibt (während irrationale Zahlen seit den Griechen bekannt waren).

2. 1844 zeigte Joseph Liouville (1803-1882), dass Zahlen, die 'sehr gut' durch rationale Zahlen approximier bar sind, wie z.B. $10^{-1!} + 10^{-2!} + 10^{-3!} + \ldots = 0{,}1100010000 \ldots$, transzendent sind.

3. 1874 führt Georg Cantor (1845-1928) den Existenzbeweis mittels seines Abzählungsarguments, wonach es überabzählbar viele transzendente, aber 'nur' abzählbar viele algebraische Zahlen gibt.

4. Der französische Mathematiker Charles Hermite (1822-1901) entwickelte Methoden, mit denen er zeigen konnte, dass die Eulersche Zahl $e \approx 2{,}7\ldots$ transzendent ist.

5. Durch Erweiterung der Hermiteschen Methode zeigt Lindemann die Transzendenz von Pi.

6. A. Gelfond zeigte 1929, dass $e^{\pi} = i^{-2i}$ transzendent ist.

Hierdurch wird die Jahrtausende alte Frage nach der Quadratur des Kreises endgültig negativ beantwortet. Dennoch gehen heute noch bei Fachzeitschriften und mathematischen Instituten Lösungsvorschläge ein, die aber immer nur Näherungen bleiben werden.

Heute weiß man, dass π^2, e^{π} und $\pi + \log 2 + \sqrt{2}\log 3$ transzendent sind, aber von naheliegenden Größen wie $e + \pi$, $e \times \pi$, π/e, $\log \pi$ und π^e ist noch nicht einmal bewiesen, dass sie irrational sind.[47]

Dennoch lassen sich Näherungskonstruktionen der Quadratur des Kreises (1. und 2.) sowie eine Näherungskonstruktion für Pi (3.) unter anderen angeben.

1. Nach Cusanus: Hier findet eine Flächenumwandlung von Kreis zum Rechteck zum Quadrat statt. Zu einem gegebenen Kreis wird ein flächengleiches Rechteck mit $A = \pi r \times r$ (Pi muss über eine Näherungskonstruktion ermittelt werden[48]; dieses Problem findet man auch unter dem Namen der Rektifikation des Umfanges eines Kreises) gezeichnet und aus diesem über den Höhensatz $h^2 = \pi r \times r$ das Quadrat ermittelt.

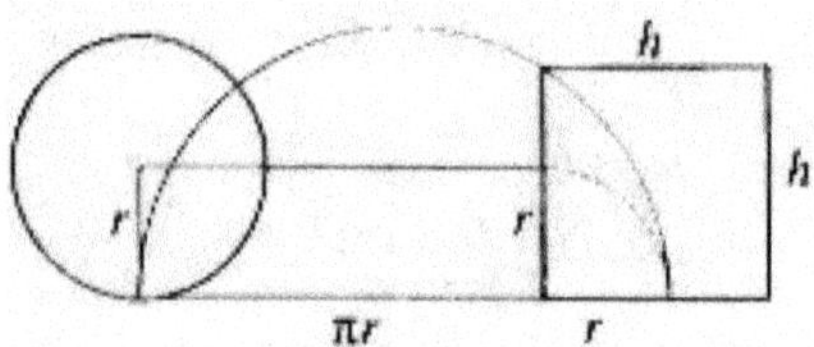

---

[47] **Arndt**: Pi. Algorithmen, Computer, Arithmetic, S.7
[48] Eine solche stellt **Röttel** in seinem Aufsatz 'Näherungskonstruktionen für π bei Nicalaus Cusanus' vor, S.202

2. Eine andere Möglichkeit wurde im Mathematischen Kabinett der Zeitschrift 'Bild der Wissenschaft' unter dem Titel "Die Quadratur des Kreises: > nicht ganz < unmöglich" vorgestellt. Dabei werden 4 Schritte angeführt:

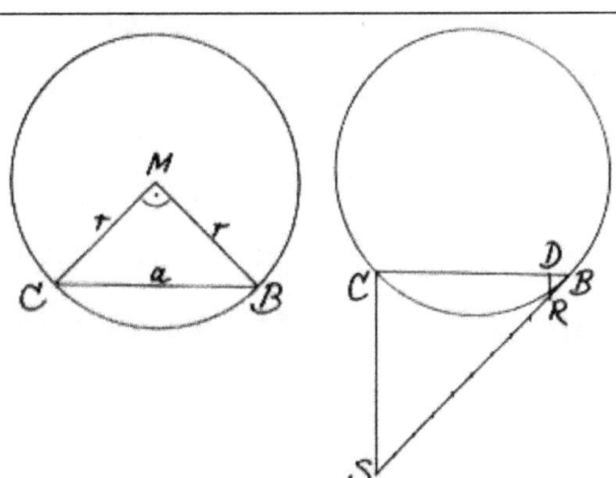

Schritt 1: In den Kreis wird ein rechtwinkliges Dreieck mit den Katheten r eingezeichnet. Die Hypotenuse ist a = r√2.

Schritt 2: Von der Hypotenuse BC = a wird mit Hilfe der Parallelverschiebung ein Zehntel abgeteilt. Das Hypotenusen Teilstück hat die Länge $BD = \dfrac{a}{10} = \dfrac{\sqrt{2}}{10} r$.

Schritt 3: In Verlängerung der Hypotenuse BC wird, bei B beginnend, viermal r abgetragen. Über die Strecke DE wird ein rechtwinkliges Dreieck mit den Hypotenusen Abschnitten p, q gezeichnet. $p = r(3 + \dfrac{\sqrt{2}}{10})$, q=r.

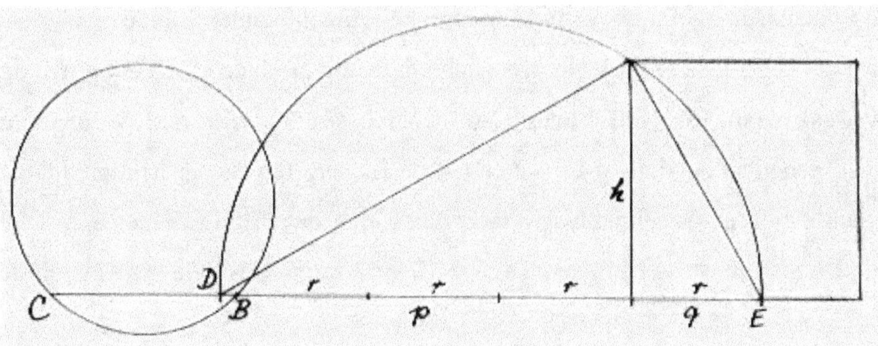

Schritt 4: Über der Höhe h des entstandenen Dreiecks wird ein Quadrat gezeichnet. Nach dem Höhensatz ist $A_{Quadrat} = h^2 = p \cdot q = r(3 + \dfrac{\sqrt{2}}{10}) \cdot r = r^2(3 + \dfrac{\sqrt{2}}{10}) = 3{,}1414213\ r^2$. Dieser Wert entspricht näherungsweise $F_{Kreis} = \pi r^2$.

Für die Abweichung X gilt: $X = \dfrac{F_K - F_Q}{F_Q} 100\% = \dfrac{r^2(\pi - 3{,}1414213\,)}{r^2 \pi} 100\% = 0{,}00545\,\%$. Diese Konstruktion weicht von der des Cusanus dadurch ab, dass sie eine Näherungskonstruktion für Pi beinhaltet. Dabei ist die Strecke 3r+DB = (3+√2/10)r. Man liest erstaunt, dass bereits der Schöpfer der 'Göttlichen Komödie' und auch mathematisch hochgebildeten Dante Alighieri (1265-1321) diese Näherung benutzt haben soll: π(3) = 3 + √2/10.[49] Dort wird aber in keiner Weise angedeutet, ob Dante mit dieser Näherungskonstruktion der Quadratur des Kreises in Verbindung gebracht werden könnte.

---

[49] **Castellanos**: The Ubiquitous π, Mathematical Magazine 61 (1988), S. 67-98 und S. 148-163

Kettenbruchentwicklung und Näherungen von π

Interessante Grenzprozesse ergeben sich im Zusammenhang mit Kettenbrüchen. Unter einem Kettenbruch wird ein Bruch verstanden, in dem der Nenner aus der Summe aus einer ganzen Zahl und einem Bruch besteht, dessen Nenner wiederum eine Summe aus einer ganzen Zahl und einem Bruch ist, usw. Ein endlicher Kettenbruch stellt eine rationale Zahl dar.

$$\frac{74}{27} = 2 + \cfrac{1}{1 + \cfrac{1}{2 + \cfrac{1}{1 + \cfrac{1}{6+0}}}}$$

Endlicher Kettenbruch

$$74 = 2\cdot 27 + 20$$
$$27 = 1\cdot 20 + 7$$
$$20 = 2\cdot 7 + 6$$
$$7 = 1\cdot 6 + 1$$
$$6 = 6\cdot 1 + 0$$

$$b_0 + \cfrac{a_1}{b_1 + \cfrac{a_2}{b_2 + \cfrac{a_3}{b_3 + ...}}}$$

Allgemeine Darstellung

Jede rationale Zahl kann anhand des euklidischen Algorithmus[50] in diese Form gebracht werden. Bei irrationalen Zahlen endigt der Kettenbruch-Algorithmus aber nicht nach einer endlichen Anzahl von Schritten. Es entsteht eine Folge von Kettenbrüchen zunehmender Länge, von denen jeder eine rationale Zahl darstellt. Jede reelle Zahl lässt sich eindeutig durch einen Kettenbruch darstellen. **Eine Zahl ist rational, wenn ihr Kettenbruch endlich ist; sie ist irrational, wenn er unendlich ist.** Dieser Satz ist besonders bei dem historischen Lambertschen Beweis der Irrationalität von Pi.

Handelt es sich dabei um 'regelmäßige Kettenbrüche', bei denen alle Zähler $a_i = 1$ sind, kann man eine vereinfachte Schreibweise benutzen: $[b_0, b_1, b_2, ...]$. Einige Beispiele für Kettenbrüche sind:

$$\pi = 3{,}141592653589793238466264... = [3,7,15,1,292,1,1,1,2,1,3,1,14,2,1,1,2,2,2,2,1,84, ...]$$

$$\sqrt{2} = 1{,}414213562... = [1,2,2,2,...]$$

$$e = 2{,}718281829... = [2,1,2,1,1,4,1,1,6,1,1,8,...] \quad \text{Eulersche Zahl}$$

$$\phi = (\sqrt{5}+1)/2 = 1{,}618033989... = [1,1,1,1,1,....] \quad \text{Goldener Schnitt } [51]$$

Man erkennt, mit Ausnahme von Pi, ein wiederkehrendes Muster ihrer Teilnenner, während die Ziffern der Dezimaldarstellung eine solche Regelmäßigkeit nicht zeigen. Ein Bildungsgesetz für einen regelmäßigen Kettenbruch von Pi ist unbekannt[52]. Dennoch ließen sich im Laufe der Geschichte mehrere solcher Kettenbrüche für Pi angeben.

1659 erschien in einer Arbeit von John Wallis unter dem Titel 'Arithmetica infinitorum' eine

Darstellung von $\dfrac{4}{\pi}$ als unendliches Produkt: $\dfrac{4}{\pi} = \dfrac{3\cdot 3\cdot 5\cdot 5\cdot 7\cdot 7...}{2\cdot 4\cdot 4\cdot 6\cdot 6\cdot 8...}$.

---

[50] nachzulesen bei **Courant**: Was ist Mathematik, S.40
[51] Kettenbrüche zitiert nach **Arndt**: Pi, S.44

Diese Darstellung legte er seinem Freund und ersten Präsidenten der Royal Society Lord Brouckner (1620-1684) vor, der das obige Produkt in die Form eines Kettenbruchs brachte:

$$\frac{\pi}{4} = \cfrac{1}{1+\cfrac{1^2}{2+\cfrac{3^2}{2+\cfrac{5^2}{2+\cfrac{7^2}{\dots}}}}} \qquad\qquad \pi = 3+\cfrac{1}{7+\cfrac{1}{15+\cfrac{1}{1+\cfrac{1}{292+\cfrac{1}{1+\dots}}}}}$$

Brouckner   Euler

Wie Lord Brouckner diese Umstellung vollzogen hat, ist unbekannt. Euler erbrachte im Rahmen einer allgemeinen Kettenbruchtheorie (Introductio, §369) die Darstellung und den Beweis der Kettenbruchentwicklung von π unter Anwendung der Leibniz'schen Reihe.

Aus dem oben zitierten 'Eulerschen' Kettenbruch kann man rationale Näherungen für Pi bekommen. Dies gelingt, wenn man unmittelbar vor oder nach großen Teilnennern die Kettenbruchentwicklung abbricht. Es werden im Folgenden vier Näherungen aus Arndts Tabelle (S.36) angeführt.

Abbruchstelle	Näherung	Geschichte
Nach $b_1 = 7$	$\pi(2) = \dfrac{22}{7}$	Archimedes
Vor $b_4 = 292$	$\pi(6) = \dfrac{355}{113}$	Tsu Ch'ung Chi
Vor $b_{33} = 99$	$\pi(37) = \dfrac{2646693125\ 139304345}{8424685874\ 26513207}$	
Nach $b_{33} = 99$	$\pi(39) = \dfrac{2624526303\ 3538219939\ 8}{8354126689\ 0691994833}$	

Weiterhin werden einige Näherungen von bekannten Mathematikern chronologisch angeführt:

Platon (427-348 v.Chr., griechischer Philosoph) soll folgende Näherung gekannt haben $\pi(2) = \sqrt{2} + \sqrt{3} \approx 3{,}14626$.

Der indische Philosoph **Chung Hing** (78-139) arbeitete als erster mit dem Wert $\sqrt{10}$.
Dem Schöpfer der 'Göttlichen Komödie' Dante **Alighieri** wird diese Näherung zugeschrieben:
$\pi(3)=3+\sqrt{2}/10 \approx 3{,}141421$.

Die 'künstlerische' Formel stammt vermutlich von dem indischen Astronom **Arya-Bhata** (geb.476):

$$\pi(5) = 2048\sqrt{2 - \sqrt{2 + \sqrt{2 + \sqrt{2 + \sqrt{2 + \sqrt{2 + \sqrt{2 + \sqrt{2 + \sqrt{2}}}}}}}}}$$. Das erste Minuszeichen ist

dabei kein Fehler. Wählt man einen Kreis mit r=1 (Umfang 2π), so ist der Umfang eines 8-Ecks

$8\sqrt{2 - \sqrt{2}}$. Jede Verdoppelung der Seitenzahl bedeutet das Ersetzen der innersten √2 durch den

Ausdruck $\sqrt{2 + \sqrt{2}}$ und das Verdoppeln des Faktors vor der äußersten Wurzel. Die obige Näherung

beschreibt somit den Umfang des 2048-Ecks.

Carl Friedrich **Gauß** fand als 14-jähriger: $\pi(13) = \dfrac{22}{7} \cdot \dfrac{2484}{2485} \cdot \dfrac{12983009}{12983008}$.

Johann Heinrich **Lambert**, der den Beweis der Irrationalität von Pi erbrachte, hatte selbst eine

rationale Näherung von beachtlicher Genauigkeit angegeben $\pi(25) = \dfrac{1019514486\ 099146}{3245215400\ 32945}$.

Den Höhepunkt in dieser Aufreihung wird von Srinivasa **Ramanujan** erbracht. In seiner Arbeit über

modulare Gleichungen fand er eine Vielzahl von Näherungen für Pi.

$$\pi(9) = \frac{63}{25}\left(\frac{17 + 15\sqrt{5}}{7 + 15\sqrt{5}}\right)$$

$$\pi(31) = \frac{4}{\sqrt{522}} \ln\left[\left(\frac{5 + \sqrt{29}}{\sqrt{2}}\right)^3 \cdot (5\sqrt{29} + 11\sqrt{6}) \cdot \left(\sqrt{\frac{9 + 3\sqrt{6}}{4}} + \sqrt{\frac{5 + 3\sqrt{6}}{4}}\right)^6\right]$$

Einige schöne Formeln erarbeitete Dario **Castellanos**:

$$\pi(6) = \frac{47^3 + 20^3}{30^3}, \quad \pi(6) = 1{,}09999901 \cdot 1{,}19999911 \cdot 1{,}39999931 \cdot 1{,}69999961 \ ?! \text{ oder}$$

$$\pi(13) = \sqrt[4]{\left(100 - \frac{2125^3 + 214^3 + 30^3 + 37^2}{82^5}\right)}$$

Die letzten Näherungen stellen den Goldenen Schnitt, e und Pi in einen Zusammenhang:

$$\pi(3) = \frac{6}{5}\phi^2, \quad \pi(2) = \frac{9 - e}{2}, \quad \pi(3) = \sqrt[7]{(2e^3 + e^8)} \text{ und } e(7) = \sqrt[6]{(\pi^4 + \pi^5)}$$

7. ZUSAMMENHANG DER ZAHL PI ZUR EULERSCHEN ZAHL UND ZUR IMAGINÄREN EINHEIT

"Als Königin aller mathematischen Formeln" gilt die von Euler 1738 aufgestellte Formel. Sie verbindet fünf Basisgrößen der Mathematik (π, e, i, 0, 1) und vier Basisoperationen (+, =. ×, Exponentation).

Der Anschauung ist diese Formel gewiss nicht zugänglich. Nachdem der bedeutende amerikanische Mathematiker Benjamin **Peirce** (1809-1880) die Formel seinen Studenten bewiesen hatte, soll er gesagt haben:

„Gentleman, die Formel ist gewiss korrekt, sie ist aber auch absolut paradox, wir können sie nicht verstehen, wir haben nicht die leiseste Ahnung, was sie sagt, aber wir dürfen sicher sein, dass sie etwas sehr Wichtiges sagt." Aber ist uns 4^4 nicht auch unzugänglich. Bei 4^4 Euro in der Tasche muss man auch zuerst auf 256 umrechnen. Ist es deswegen schon paradox?

Folgt man den Lesern des *Mathematical Intelligencer,* so ist diese Formel die „schönste von allen". Wird damit eine gewisse kryptische oder sogar philosophische Ästhetik angesprochen (mathematische Schönheit gibt es nicht, höchstens mathematischen Spaß und Logik)[53], dann gibt es gewiss auch andere 'Schönheiten' (Man werfe nur einen Blick auf das Kapitel über die Näherungen der Zahl Pi).

Euler leitete obige Beziehung aus der allgemeinen und wohl wichtigsten Formel in der Analysis: Im Folgenden sei kurz erläutert, wie er dazu kam.

$$e^{iz} = \cos z + i \sin z$$

---

1. Für jedes z $\in$ C (Körper der komplexen Zahlen) sei definiert:

$$e^z := \sum_{n=0}^{\infty} \frac{z^n}{n!}, \quad \sin z := \sum_{n=0}^{\infty} (-1)^n \frac{z^{2n+1}}{(2n+1)!}, \quad \cos z := \sum_{n=0}^{\infty} (-1)^n \frac{z^{2n}}{(2n)!}$$

2. Schreibt man z in der algebraischen Form z=x+iy, mit x, y$\in$R, so erhält man ferner

$$e^z = e^{x+iy} = e^x \cdot e^{iy} \quad \text{und da} \quad e^{iy} = \sum_{n=0}^{\infty} i^n \frac{y^n}{n!} = \sum_{k=0}^{\infty} (-1)^k \frac{y^{2k}}{(2k)!} + i\sum_{k=0}^{\infty} (-1)^k \frac{y^{2k+1}}{(2k+1)!} \quad \text{ist, gewinnt}$$

man mit 1. die Darstellung $e^{iz} = \cos z + i \sin z$.

Wo Mathematiker große Schwierigkeiten zu jener Zeit mit 'unmöglichen Zahlen' hatten (sogar Isaac Newton lässt die komplexen Zahlen außer Acht und sieht im Grad einer algebraischen Gleichung nur eine obere Grenze der Anzahl ihrer Nullstellen), rechnet Leonard Euler (1707-1783) konkret mit komplexen Zahlen. Er gibt die Formeln an, die seinen Namen tragen:

---

[53] Hier spricht die Auffassung des Autors

$$\cos x = \frac{1}{2}(e^{ix} + e^{-ix}), \qquad \sin x = \frac{1}{2i}(e^{ix} - e^{-ix}).$$ In diesen Eulerschen Formeln erscheinen zwei von Euler eingeführte Bezeichnungen 'e' für die reelle Zahl $\sum_{n=0}^{\infty} \frac{1}{n!} = \lim_{n \to \infty} (1 + \frac{1}{n})^n$ und 'i' für die imaginäre Einheit $\sqrt{-1}$. Die Vermutung von Leibniz, dass $\log i$ eine imaginäre Zahl ist, wird von Euler durch die Gleichung Log $i = i\pi/2$ bestätigt. Daraus folgen mit $i^2=-1$ und $i^{-1}=-i$ die Beziehungen $\pi = -i\log(-1)$ und $i^i = e^{-\pi/2}$.

Dieser Sachverhalt folgt mit der komplexen Expotentialfunktion $e^z = e^{x+iy} = e^x \cdot e^{iy}$ aus folgenden Ausführungen: Die Zahl $\xi+i\eta$ ist ein Logarithmus von x+iy= r $(\cos\theta+i \sin \theta) \neq 0$, falls $e^{\xi+i\eta} = $ x+iy $= e^{\ln r + i\theta}$ gilt. Also ergibt sich $\xi = \ln r$ und $\eta = \theta + 2n\pi$ mit $n\in Z$ beliebig. Hiermit ist $\{\ln r + i(\theta + 2n\pi) \mid n\in Z\}$ die Menge aller Logarithmen von r $(\cos\theta+i \sin \theta)$. Der Logarithmus ist also nicht eindeutig. Insbesondere ist $\{i(\pi/2 + 2n\pi) \mid n\in Z\}$ die Logarithmenmenge von i; darunter befindet sich auch die Zahl i($\pi/2$).[54]

8. NAMENSGESCHICHTE

If we take the world of geometrical relations, the thousand decimal of pi sleeps there, though no one may ever try to compute it.

William James The Meaning of Truth

π ist der meist bekannte und gebrauchte, sechzehnte Buchstabe des griechischen Alphabets. Er erscheint auf Tastaturen von Taschenrechnern, in Fach- und Infobücher über Mathematik, Physik und Astronomie. Würde man eine Umfrage unter der 'deutschen' Bevölkerung
durchführen, so würden viele mit diesem Buchstaben den Kreis und die Kreisberechnung in einen Zusammenhang bringen, vielleicht auch die Quadratur des Kreises. Dazu würden wir einerseits einen Wink von unserer heutigen Informations-gesellschaft bekommen, aber andererseits würde es auch zeigen, dass viele Menschen Pi in der Schule in einer angenehmen Weise kennengelernt hatten. Dies sei eine leise Andeutung auf andere, schnell vergessene Inhalte der Schulmathematik.

Weder die Griechen, noch die Araber und die Chinesen benutzten diesen Buchstaben zur Bezeichnung der 'ratio' von Umfang und Durchmesser. Dies geschieht erst seit 250 Jahren.

1652 definiert William **Oughtred** (1574-1660) das Verhältnis mit der Bezeichnung **π/δ**, wobei π Umfang und δ Durchmesser bedeuten sollen.

1655 benutzte **Wallis** die Zeichen □ (eine Box) oder den hebräischen Buchstaben **mem** zur Bezeichnung von π /4=...

1689 führt J. Christoph **Sturm**, ein Professor der Universität von 'Aldorf' in Bayern, den Buchstaben **e** für das Verhältnis an. Es hielt sich nicht lange.

Im Laufe der nächsten 100 Jahre gebrauchte man für das Verhältnis entweder **π/ρ** oder **c/r**.

Erst William **Jones** (1675-1749) benutzte 1706 in seiner Synopsis palmariorum matheseos π im modernen Sinne. Er gilt als der Erfinder des Symbols π, das er vom englischen *periphery* ableitete. Früher gebrauchte er es einmal als Punkt in einer Zeichnung, anderswo bezeichnete er damit allein den Umfang. Die Uneinheitlichkeit ist typisch für jene Zeit und auch in anderen Abhandlungen zu finden.

Es ist nicht überliefert, ob **Euler** Jones Bezeichnung kannte. 1734 benutzte Euler noch **p** für π, und **g** für π/2. Zwei Jahre später ist in Eulers Werken nur noch **π** als Bezeichnung für Pi zu lesen. Mit seinem weitverbreiteten Werk *Introductio in analysin infinitorum* (Zitat: "Für diese Zahl wollen wir der Kürze wegen π schreiben, so dass also π gleich dem Umfang eines Kreises vom Halbmesser 1, oder gleich der Länge eines Bogens von 180 Graden ist.") und seinem internationalen Briefwechsel begann auch die Verbreitung dieser Bezeichnung.

Mit π bezeichnet man auch andere Sachverhalte. Viele Mathematiker benutzten π(n) als Funktion der Anzahl von Primzahlen bis n. So ist π(10) = 4. Gauss fand mit 18 Jahren die Beziehung

$$\lim_{n \to \infty} \frac{\pi(n)}{(n / \log n)} = 1$$

---

9. *FACHWISSENSCHAFTLCIHE BETRACHTUNG UNTER DIDAKTISCHEN GESICHTSPUNKTEN*

Bei der Einführung des Kreises als erste krummlinige Figur, deren Flächeninhalt und Umfang bestimmt werden sollen, reichen die, bei den Vielecken verwendeten Methoden zur Ermittlung des Flächeninhalts und Umfanges nicht aus. Für Vielecke kann stehts auf dem elementar geometrischen Wege die Fläche (Umfang) angegeben werden, weil sich zu jedem Vieleck ein flächeninhaltsgleiches Quadrat konstruieren und damit berechnen lässt.

Da dies beim Kreis nicht möglich ist, muss man mit Näherungsverfahren (1) vorgehen. Die Fläche krummliniger Figuren wird bestimmt, in dem man sie mit einem Gitter aus Einheitsquadraten überdeckt (durch eine Folge von einem äußeren und inneren, anliegenden Streckenzug, von denen der äußere immer größer und der innere immer kleiner als der Umfang ist). Durch stetige Verfeinerung des Gitters mit immer kleineren Einheitsquadraten (Anzahl der Streckenpunkte auf dem Kreis wird vergrößert) nähert man sich durch eine kleinste obere Schranke und von unten durch eine größte untere Schranke an. Die 'untere' und 'obere' Anzahl der Einheitsquadrate bilden eine Intervallschachtelung und nähern den genauen Wert an. (Die Differenz der Umfänge der äußeren und inneren Polygone geht gegen Null, so dass eine Intervallschachtelung den Umfang an den genauen Wert annähert).

Flächeninhalt A	Umfang
$A_{unten} \leq A \leq A_{oben}$ Mit neuen verbesserten Näherungswerten $A_{unten} \leq A'_{unten} \leq A \leq A'_{oben} \leq A_{oben}$	$n \times Seite_{Innen\ n\text{-}Eck} \leq U \leq n \times Seite_{Außen\ \text{-}\ n\text{-}Eck}$

Diese Methode der stetigen feineren Unterteilung von Quadraten und Annäherung durch eine untere und obere Strecke ist auch aus der Integralrechnung bekannt.

Diese Überlegungen unterstellen, dass der gesuchte Flächeninhalt auch existiert. Es gibt andere Punktmengen, denen man keinen Inhalt auf diese Weise zuordnen kann, wie z.B. die Menge der komplexen Zahlen mit rationalem Real- und Imaginärteil. Obwohl diese Punkte sehr dicht in der Ebene liegen, kann man dafür keinen Flächeninhalt definieren.

Kreise

Ein Kreis ist die Menge aller Punkte einer Ebene $P \in E$, die von einem festen Punkt M den gleichen Abstand r haben. Damit wird der Kreis folgendermaßen definiert:

$$Kreis: = \{P\ /\ P \in Ebene\ E\ mit\ r \in IR,\ Punkt\ M \in E\ fest,\ so\ dass\ \forall P: PM = r\}$$

M wird Mittelpunkt und der Radius (lat. Stab, Strahl) des Kreises mit r bezeichnet. Für r=1 spricht man vom Einheitskreis. Der Kreis ist eine konvexe, geschlossene Figur, was bedeutet, dass jede Verbindung zweier Punkte P_1, $P_2 \in$ Kreis innerhalb des Kreises liegen. Die längste solche Verbindung wird Durchmesser genannt. Es gilt d=2r. Ein Kreis wird eindeutig durch den Mittelpunkt M und seinem Radius r bestimmt. So kann man alle Kreise einer Ebene E als Menge aller geordnete Paare (M/r) $\in$ E $\times$ IR definieren.

.

Zwei beliebige Kreise lassen sich durch eine Verschiebung und einer zentrischen Streckung aufeinander abbilden. Aufgrund dieser verhältnistreuen Abbildung (Ähnlichkeitsabbildung) sind alle Kreise ähnlich zueinander. Bei ähnlichen Figuren gilt:

Verhältnisse entsprechender Längen und entsprechender Flächen sind gleich. Folglich gilt $U_1/r_1 = U_2/r_2 = k$ $A_1 / r_1^2 = A_2 / r_2^2 = k'$ Da k, k' konstant ist $U = k \times r$, $A = k' \times r^2$	Der Satz über Flächen ähnlicher Figuren mit Streckenfaktor c. $A' = c^2 \times A$, wenn $k' = c \times r$ $c = r'/r \implies A'/A = r'^2 / r^2 \implies A'/r'^2 = A/r^2 = k$ Bei allen Kreisen ist der Quotient aus Flächeninhalt und Quadrat des Radius konstant $\implies A = k \times r^2$

9.1. ÜBERBLICK ÜBER SACHGEBIETE, IN DENEN PI IN DER REALSCHULE VORKOMMMEN (ABHÄNGIG VOM BUNDESLAND)

Schuljahr	Lehrplaneinheit	Formeln und Bemerkungen
	Kreis: Umfang und Flächeninhalt *Die Zahl Pi kann über verschiedene Verfahren ermittelt werden* Berechnungen, Geschichte Kreisring Kreisbogen Kreisausschnitt **Gerader Zylinder**: Schrägbildskizze, Mantelfläche, Oberfläche und Volumen **Kugel**: Oberfläche und Volumen *Formeln aus Plausibilitätsbetrachtungen gewinnen* **Berechnungen** **Anwendungsaufgaben**	$U_{Kreis} = \pi \cdot d$ $A_{Kreis} = \pi \cdot \dfrac{d^2}{4}$ $U_{Kreis} = 2\pi r$ $A_{Kreis} = \pi r^2$ Experimentelle und systematische Zugänge $b = 2\pi r \cdot \dfrac{\alpha}{360°} = r \cdot \dfrac{\pi\alpha}{180°}$ $A = \pi r^2 \cdot \dfrac{\alpha}{360°} = \dfrac{b \cdot r}{2}$ $V = \pi r^2 \cdot h$ $O = 2\pi r(r+h)$ Berechnungen Flächeninhalte von zusammengesetzten oder differenten Figuren aus Halb/Viertelkreis in Kombination mit Rechtecken/Dreiecken Experimentelle und systematische Zugänge $V_{Kugel} = \dfrac{4}{3}\pi r^2$ $O_{Kugel} = 4\pi r^2$
	Trigonometrie, trigonometrische Funktionen Beziehungen zwischen sin, cos, tan Bogenmaß eines Winkels	Periodizität
	Kegel, Kegelstümpfe Zusammengesetzte Körper Anwendungsaufgaben	Alle bisher behandelten Körper sind als Teilkörper möglich. Auch im Zusammenhang mit trigonometrischen Berechnungen.

Fachlich-didaktische Erörterung

Flächeninhalt

Experimentelle Bestimmungen

Prozentualer Abfall

Zur Bestimmung des Flächeninhaltes stellt man einleitend das Problem, den prozentualen Abfall festzustellen, wenn aus quadratischen Platten kreisförmige Scheiben gestanzt werden. Ein gleichgeartetes Anwendungsbeispiel lautet: Aus rund gezüchteten, monokristallinen Silicium Säulen werden Scheiben zur Produktion von Computerchips gewonnen. Maschinen stanzen aus diesen Scheiben zentimetergroße Quadrate aus, auf denen die Schaltkreise gebrannt werden. Die Problemstellung würde lauten, wieviel Chips man im Vergleich dazu aus einer quadratischen Säule erhalten könnte.

Zur Lösung des Problems wird der Flächeninhalt eines Kreises im Vergleich zum umbeschriebenen Quadrat mit Hilfe eines Quadratgitters durch Auszählen ermittelt. Man erhält annähernd die Beziehung $A_{Kreis}/4 : r^2 \approx 0{,}785$. Hier kann man schon über die Ähnlichkeit von Figuren mit den S. diskutieren, ob sich bei einer anderen Wahl des Radius, sich ein anderes Ergebnis einstellt. Für $r=1$ stellt sich für das Verhältnis $A_{Kreis}/r^2 \approx 3{,}1$ ein.

Auszählen auf dem Millimeterpapier

Ein ähnliches Vorgehen lässt sich mit Millimeterpapier realisieren. Man zeichne auf Millimeterpapier einen Viertelkreis mit einem 10 cm langen Radius. In einer Tabelle sollen die Schüler entlang von 10 Streifen ganze und 'eingekreiste' Quadrate abzählen und damit eine Ober- und Untersumme der Kreisfläche berechnen. Vom Prinzip entspricht dieser Weg der Rechtecksmethode mit einer numerisch durchgeführten Intervallschachtelung. All diese Begriffe ließen sich den S. leicht erklären. [55]

Streifen Nr.1-10	1. Ganze cm^2 unter der Kreislinie (in mm^2	2.zusätzliche mm^2 ganz unter der Kreislinie	3. Summe $1 + 2$	4. zusätzliche mm^2 von der Kreislinie geschnitten	5. Summe $3 + 4$
1					
2					
3..					

<table>
<tr><td>Summen in mm²</td><td>A_{innen} =</td><td></td><td>A_{außen} =</td><td></td></tr>
<tr><td></td><td>4 A_{innen} =</td><td></td><td>4 A_{außen} =</td><td></td></tr>
<tr><td>.</td><td></td><td></td><td>< π <</td><td></td></tr>
</table>

---

[55] Idee entnommen aus Schröder; Wurl: Mat(h)erialien, S.160

Monte-Carlo Methode

Selbst die Monte-Carlo Methode lässt sich hier einordnen. Eine Anleitung zum Experimentieren gibt das Schulbuch der Realschule Schnittpunkt 9 an (S.139). Dort heißt es unter Aufgabe 9:

1. Zeichne ein Quadrat, das ein Viertelkreis enthält, mit der Seitenlänge 50 cm und schneide es aus.

2. Laß nun etwa aus 75 cm Höhe eine gute Handvoll Reißnägel durch schnelles Handöffnen auf das Quadrat fallen.

3. Bilde dann das Verhältnis aus der Anzahl der Reißnägel im Viertelkreis zur Anzahl der Reißnägel im Quadrat und rechne es auf die Gesamtfläche um. *Welchen Wert erhältst du?*

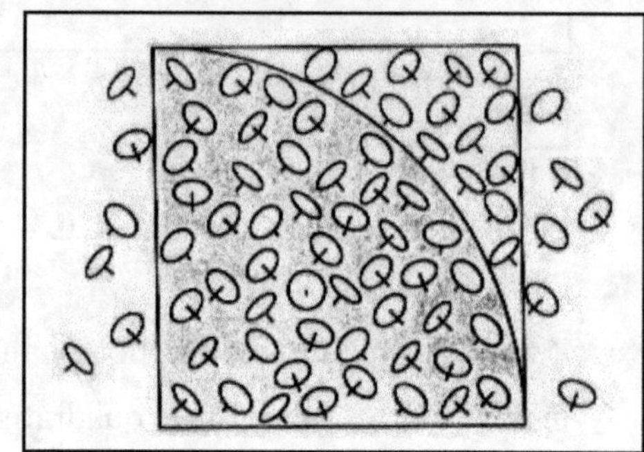

Warum nicht Reiskörner? Die Anteile könnte man abwiegen. Mit dem Gewicht eines Reiskornes ließe sich auf die Anzahl aller anteiliger Körner schließen. Oder wie wäre es mit Sandkörnern?[56]

Durch Wiegen

Zu einem Näherungswert für die Proportionalitätskonstante kann man auch mit Hilfe einer Hebelwaage kommen:
Auf der eine Seite des Hebels häng im Abstand 1dm vom Drehpunkt eine Kreisscheibe mit Kreisradius r. Auf die andere Seite wird ein Quadrat (aus dem gleichen Material) mit der Seitenlänge r so aufgehängt, dass der Hebel im Gleichgewicht ist. Wiederholt man diesen Versuch für mehrere Paare von Kreisen und Quadraten, so zeigt sich, dass das Quadrat immer

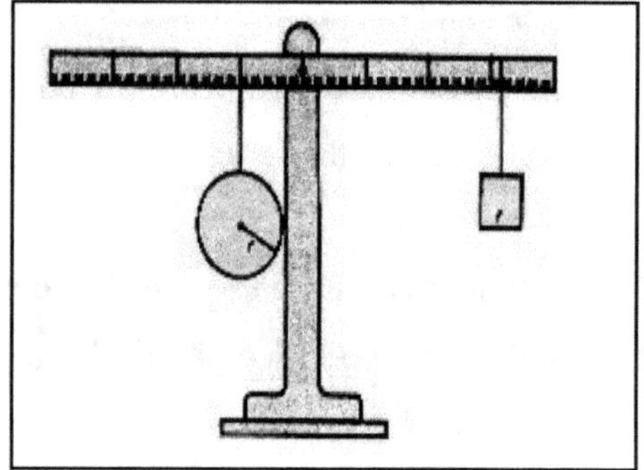

an der gleichen Stelle, nämlich etwa im Abstand 3,1 dm vom Drehpunkt, aufgehängt werden muss, unabhängig vom Radius r.

Flächeninhaltsformel

Die Flächeninhaltsformel $A=\pi r^2$ bedeutet 3,14... mal die Fläche des Radius-Quadraten. Veranschaulichen ließe sich das dadurch, dass man die drei Radiusquadrate und einen kleinen Streifen nebeneinanderlegen würde. Oder man setzt es in einem Kreis um.

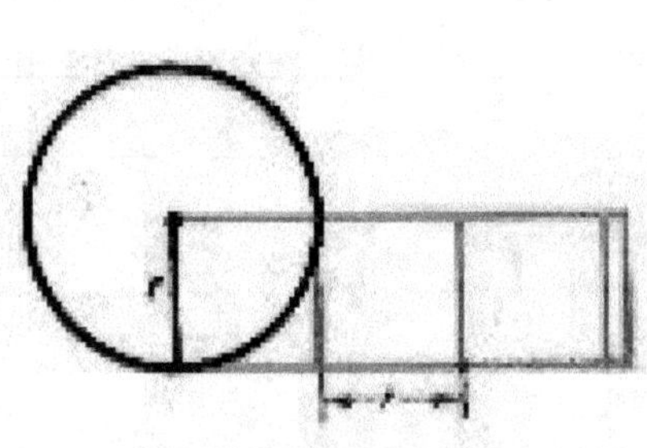

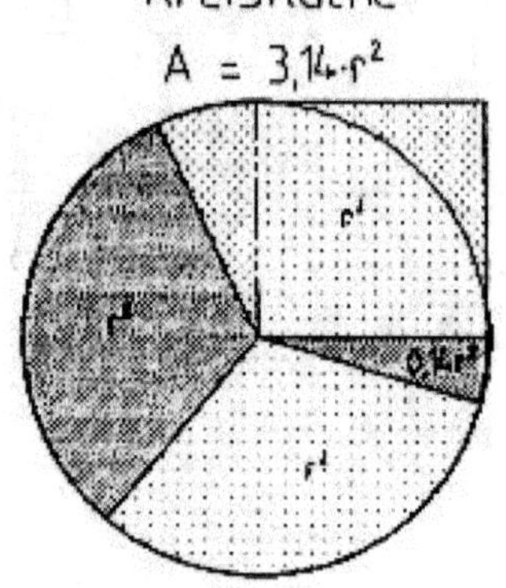

---

[56]Anmerkung des Autors

Die zur Formel korrespondierenden, geometrischen Deutung zeigt auch die Besonderheit des Kreises als krummlinig begrenzte Fläche.

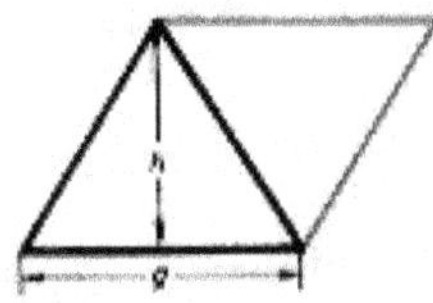 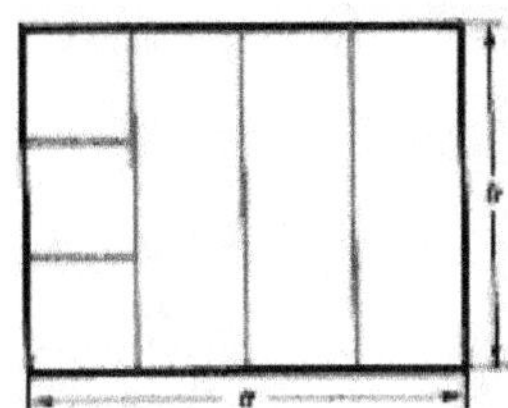

Dreieck	Rechteck
Der Flächeninhalt ist halb so groß wie der des zugehörigen Parallelogramms	Der Flächeninhalt ist gleich dem Flächeninhalt eines Streifens mal Anzahl der Streifen A = a×b

Näherungen über die Kreisfläche[57]

In Kenntnis der Formeln lassen sich leicht eine Ober- und eine Untergrenze für die Kreiskonstante über eine Flächen- als auch Umfangsbetrachtung. Der Einfachheit sei der Umfang hier miterläutert.

Obergrenze

Der Vergleich der Kreisfläche (des Kreisumfangs) mit der (dem) des umbeschriebenen Quadrates ergibt:

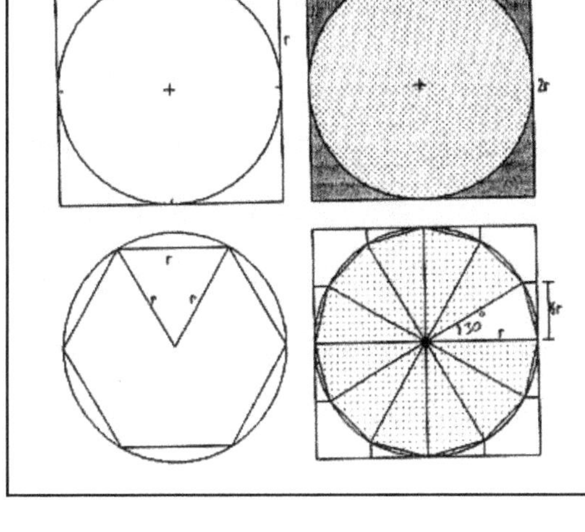

$$A_{Kreis} < A_{Quadrat} \Rightarrow \pi r^2 < 4r^2 \Rightarrow \pi < 4$$

$$U_{Kreis} < U_{Quadrat} \Rightarrow 2\pi r < 8r \Rightarrow \pi < 4$$

Untergrenze:

Der Vergleich der Kreisfläche (des Kreisumfangs) mit der (dem) des umgebenden 12-Ecks (6-Ecks)

ergibt: $A_{12\text{-Eck}} < A_{Kreis} \Rightarrow 3\pi^2 < \pi r^2 \Rightarrow 3 < \pi$

$$U_{6\text{-Eck}} < U_{Kreis} \Rightarrow 6r < 2\pi r \Rightarrow 3 < \pi$$

Eine bereits bei den Ägyptern (s. Kap. Näherungen, Mittelmeerraum) benutzten, 'groben' Näherung ergibt sich, wenn man den Kreis durch ein (nicht ganz regelmäßiges) Achteck annähert. Es entsteht aus dem umschriebenen Quadrat, indem man jede Seite drittelt und die an jeder der vier Quadratecken anliegenden Teilpunkte miteinander verbindet.

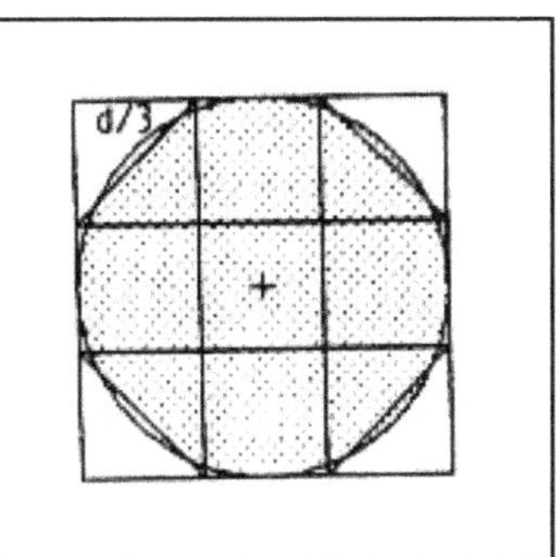

Für dieses Achteck gilt dann:

$$A_{8\text{-Eck}} = 7/9 d^2 \approx 0{,}778 d^2 \approx 3{,}11 r^2 \Rightarrow \pi \approx 3{,}11$$

[57] Skript **Lörcher**, S.21

$$U_{8-Eck} = 4 \cdot \frac{d}{3} + 4 \cdot \frac{d}{3}\sqrt{2} = \frac{4}{3} \cdot (1 + \sqrt{2}) \cdot d \approx 3{,}22d$$

Intervallschachtelung über Radiusquadranten[58]

Folgende Näherung der Kreisfläche geht bereits in die systematische Behandlung über. Sie hat den großen Vorteil, dass der Einstieg leicht und anschaulich gemacht ist. Sie beginnt mit einer plausiblen Betrachtung und führt induktiv den Gedankengang fort. Über das Puzzle lässt sich der Inhalt methodisch gut aufbereiten.

Entsprechend wie der Kreisumfang mit dem Kreisdurchmesser gemessen werden kann, lässt sich der Flächeninhalt des Kreises mit Radiusquadraten messen. Dieser Sachverhalt kann mit ein- und umbeschriebenen Vielecken plausibel gemacht werden.

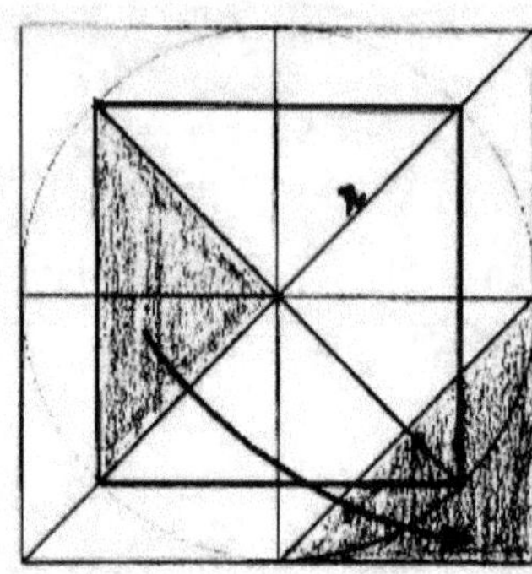

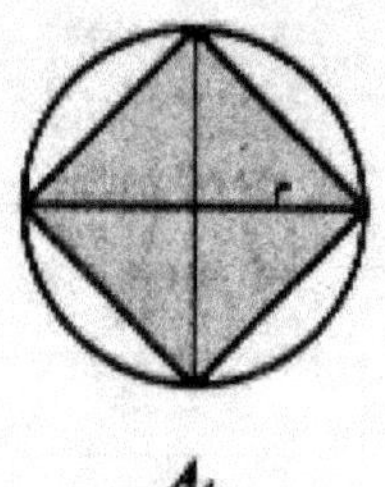

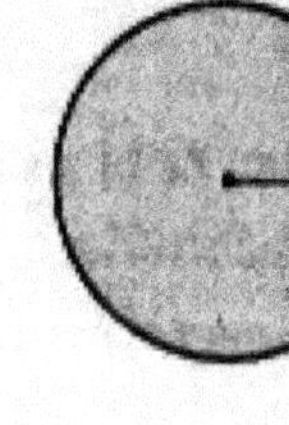

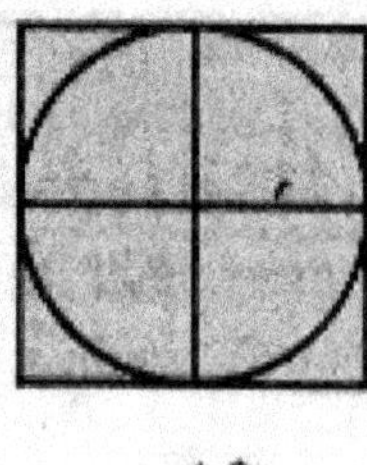

Ohne Rechnung ist erkennbar, dass die Flächeninhalte A_4 und A_4* die der Quadrate $2r^2$ und $4r^2$ sind. Durch Gegenüberstellung erfahren die S., dass der Flächeninhalt A des Kreises größer als zwei, aber kleiner als vier 'Radiusquadrate' ist. $\mathbf{2r^2 < A < 4r^2}$

Die Flächeninhalte A_4 und A_4* der beiden Quadrate sind proportional zum Radiusquadrat.

Ausgehend vom einbeschriebenen Quadrat zeichnet man das einbeschriebene regelmäßige Achteck. Für den Flächeninhalt A_1 eines der acht Teildreiecke $\triangle ABM$ gilt: $A_1 = \frac{1}{2}r \cdot \frac{r}{2}\sqrt{2} = \frac{r^2}{4}\sqrt{2}$

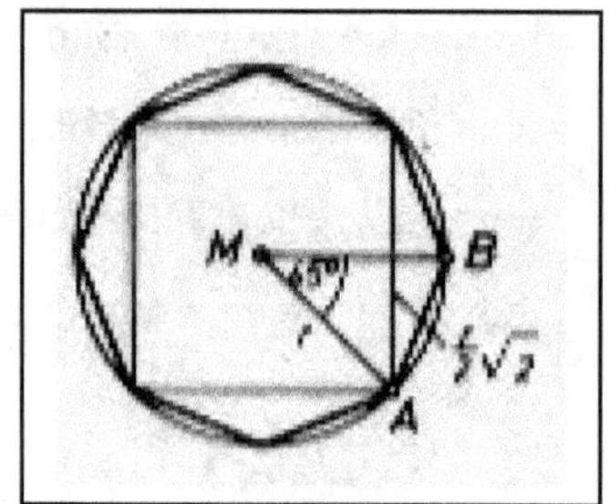

mit der Höhe $\frac{r}{2}\sqrt{2}$ und der Grundseite r. Der Flächeninhalt des

---

einbeschriebenen Achtecks beträgt

$$A_8 = 8\frac{r^2}{4}\sqrt{2} = 2r^2\sqrt{2} \approx 2{,}84r^2 \,.$$

Den Flächeninhalt des umbeschriebenen Achtecks bestimmt man als die Differenz zwischen $A_4{}^*$ und dem Flächeninhalt der vier schraffierten Dreiecke. Jedes dieser Dreiecke hat den Flächeninhalt

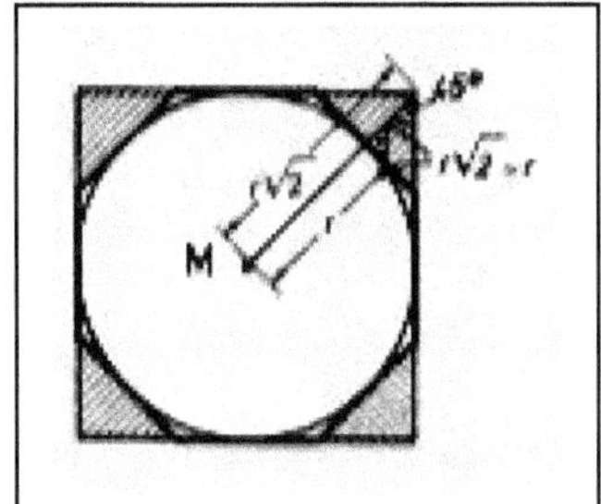

$A_1{}^* = \frac{1}{2}\cdot 2r(\sqrt{2}-1)\cdot r(\sqrt{2}-1) = (3-2\sqrt{2})r^2$. Der Flächeninhalt des umbeschriebenen Achtecks beträgt

$$A_8{}^* = A_4{}^* - 4A_1{}^* = 4r^2 - 4(3-2\sqrt{2})r^2 = 8(\sqrt{2}-1)r^2 \approx 3{,}32r^2$$
.

Es gilt folglich die Abschätzung $2{,}82r^2 < A < 3{,}32r^2$. Die Flächeninhalte des ein- und umbeschriebenen Achtecks sind auch proportional zum Radiusquadrat r^2.

Man kann weiterhin mitteilen, dass sich die Flächeninhalte aller regelmäßigen n-Ecke, die man dem Kreis ein- oder umbeschreiben kann, proportional zum Radiusquadrat r^2 sind. Da mit steigender Eckenanzahl die Annäherung immer besser wird, schließt man, dass auch der Inhalt proportional zu r^2 ist. Die Proportionalkonstante ist die Zahl Pi.

Der Computer und numerische Berechnungen

Die Angabe von auf unterschiedlichen Wegen (Archimedes, Cusanus, durch, durch Auszählen, Monte-Carlo)

Der Computer eignet sich ideal, iterativen Berechnungen der Zahl Pi durchzuführen. Für die Schule kommen aber nur das Näherungsverfahren nach Archimedes oder Cusanus in Frage. Berechnungen über Arctan-Reihen bleiben dem Gymnasium vorbehalten.

Weiterhin ließen sich mit geeigneten Algorithmen die Monte-Carlo Methode, das Rechtecksverfahren oder das Verfahren über Auszählen von unter der Kreislinie liegenden und geschnittenen Einheitsquadraten Computerprogramme schreiben. Es stellt sich aber sofort die Frage, ob der Einsatz es wert ist. In einigen Zeitschriftenaufsätzen, auf die ich kurz eingehen werde, wird dieses Thema behandelt. Neben notwendigen Programmierkenntnissen, die man in keiner LehrerInnenausbildung findet, muss man die Programme nach gewisser Zeit überholen. Da die Software sich schnell erneuert, heißt dies oft, dass ein Programm ganz neu geschrieben werden muss. Die größte Hürde aber, wäre es, diese methodisch-didaktisch umzusetzen.

Dennoch nehmen einige Lehrer das Thema auf und setzen es auf ihre Weise um. So setzt Höfer[59] nach einer kurzen Einleitung zur Zahl Pi die Monte-Carlo Methode in einem Programm um. Er geht in mehreren Schritten vor, die sich in der schulischen Umsetzung wiederfinden:

---

[59] **Höfer**: Pi und der Computer in der Hauptschule, MUP I.Quartal 1988, S.35

1. Vorstellung der Monte-Carlo Methode

2. Analyse des Programmlistings[60] (das Programm ist von ihm bereits geschrieben)

3. Manuelle Probedurchläufe mit wenigen Würfen

4. Programmdurchlauf mit vielen Würfen, wobei sich das bildliche Ergebnis allmählich aufbaut, und Zeit zu weiteren Besprechungen bleibt.

Als zweites bespricht er, wie man die Methode der Gitterpunkte computermäßig umsetzen könnte. Höfer hatte beide Methoden an einer Hauptschule durchgeführt. Die Hauptschule muss auch in dieser Hinsicht anderen Schulzweigen in keiner Weise nachstehen.

Fisbach[61] versucht Pi über eine Annäherung von Umfängen regelmäßiger n-Ecke mit dem Computer zu berechnen. Dabei ist seine Vorgehensweise elementar, da sie schrittweise die Verallgemeinerung eines Algorithmus in einer deutschsprachigen LOGO-Version aufbaut. Es erfordert keine Vorkenntnisse und könnte in das Reich der LOGO-Sprache verführen.

Viel leichter lassen sich dafür Taschenrechner einsetzen. Mit den heute gängigen TR (einige sogar programmierbar) kann man mit Hilfe des Speichers problemlos Pi 'schnell' (in Relation zur Schule gesehen einige Nachkommastellen) berechnen. So zeigen Lörcher (s. Kap. Archimedes und Cusanus) und Hechinger (s. Kap. Vieta) im Anschluss an ihre Ausführungen eine numerische Berechnung mit Hilfe des TR.

Kreissektoren

Bei der Herleitung einer Formel für den Flächeninhalt des Kreissektors kann man zunächst ein Kreisscheibenmodell (besser bekannt unter Winkelscheibe) einsetzen. Anhand des Modelles lässt sich zeigen, dass z.B. einem dreifachen Winkel ein dreifacher Flächeninhalt oder einem halben Winkel ein halber Flächeninhalt entspricht. Zusammengefasst bedeutet dies:

Die Flächeninhalte der Kreissektoren verhalten sich wie ihre zugehörigen Mittelpunktswinkel.

Aus der Verhältnisgleichung ergibt sich der Flächeninhalt des Kreissektors

$$\frac{A_s}{A} = \frac{\alpha}{360} \quad \Rightarrow \quad A_s = \frac{\alpha}{360°} \cdot A = \frac{\alpha}{360°} \pi r^2$$

Diese Formel ist auch Ausgangspunkt der ganzen Trigonometrie. Mit ihr definiert man das Rad-Maß und erzielt die Umrechnungen dazu. Auf das Gebiet der Trigonometrie wird hier nicht näher eingegangen, da sie mit der Zahl Pi direkt wenig zu tun hat. Pi wird bei den trigonometrischen Funktionen Sinus, Cosinus und Tangens als deren Periode vorgestellt und weiterhin nur noch in Umrechnungen erwähnt

---

[60] Algorithmen zu den Verfahren des Archimedes, Cusanus, Monte-Carlo, Gitterpunkte und Buffon findet man bei **Engel**: Elementarmathematik vom algorithmischen Standpunkt, s.62ff

[61] Fisbach: Elementare Näherung der Zahl Pi aus Umfang und Durchmesser regelmäßiger n-Ecke. In: Mathematik lehren 13 (1985) S.12-12

Umfang

Den Schülern leuchtet unmittelbar ein, dass der Kreisumfang vom Radius bzw. Durchmesser des Kreises abhängt. Je größer der Durchmesser, desto größer der Umfang. Dies entspricht auch jedermanns Erfahrung, wenn man nach einem guten Essen, den Gürtel um ein oder mehrere Löcher erweitern muss.

Das Zeichnen und Messen von Kreisen ist bereits Thema der 6 Klasse. Den Umfang von runden Gegenständen kann man in vielfältiger Weise messen: Durch Abrollen beweglicher Gegenstände, durch Abtragen mit einer Schnur oder durch gemeinschaftliches Umfassen mit den Händen und anschließender Schätzung. Um einiges schwieriger ist es, den Durchmesser runder Gegenstände zu bestimmen. Dabei muss man geschickt messen können. Es würde mich aber in diesem Zusammenhang nicht wundern, wenn Schüler im Alter von 12 Jahren danach fragen, wie man diese Daten der Erde und Sonne misst. Jede Messung steht also in Relation zum Messenden.

Weiterhin wird untersucht, ob Durchmesser und Umfang zueinander proportional sind. Durch entsprechende Vorüberlegungen an regelmäßigen Vielecken kommt man dem Ziel näher.

 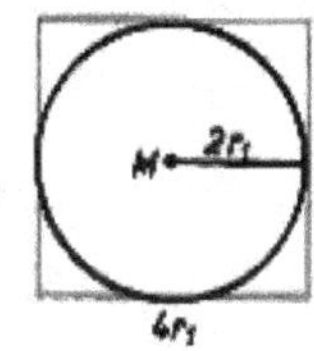  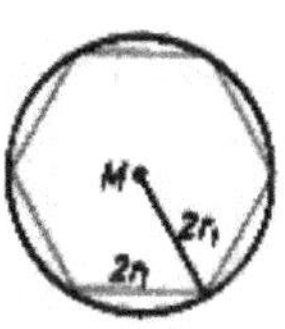

Bei Verdoppelung des Kreisradius verdoppelt sich auch der Umfang des umbeschriebenen Quadrats bzw. des einbeschriebenen Sechsecks. Es ergibt sich, dass der Kreisumfang immer kleiner als das Vielfache (umschriebenes Quadrat), aber größer als das Dreifache (einbeschriebenes Sechseck) des Durchmessers ist.

Hier könnte man systematisch die Verfahren des Archimedes oder Cusanus fortführen, da sie über ein- und umbeschriebener n-Ecke den Umfang eingrenzen.

<u>Experimentelle Bestimmung</u>

Durch Messungen sollen Umfang und Durchmesser runder Gegenstände bestimmt werden. Die Ergebnisse werden in einer Tabelle festgehalten.

Gegenstand	Umfang	Durchmesser	$\dfrac{\textit{Umfang}}{\textit{Durchmesser}}$	Umfang *Operator* (+, -, ×, ÷) Durchmesser
Konservendosen				
Papierkorb				

CD				
Hand-/Fingerring				

Es kann offen gelassen werden, welche der beiden letzten Spalten gewählt wird. Die Überlegung dazu bestand darin, dass Schüler intuitiv erkannte Zusammenhänge in die Fachsprache umsetzen sollten.

Die auf diese Weise gewonnenen Näherungswerte in der letzten Spalte weichen voneinander ab. Auf die erzielte Meßgenauigkeit sollte man eingehen und eine Mittelwertbildung errechnen. Dieser Zahl gibt man einen eigenen Namen: Pi.

Abrollen runder Gegenstände

Durch das Abrollen runder (auch großer) Gegenstände ließen sich die Umfänge und Durchmesser an der Tafel aufzeichnen. Wenn die Strahlensätze aus LPE 2 bereits behandelt wurden, könnte man diese hier zur Anwendung bringen. Der allen Kreisen gemeinsame Verhältniszahl gibt man den Namen Pi.

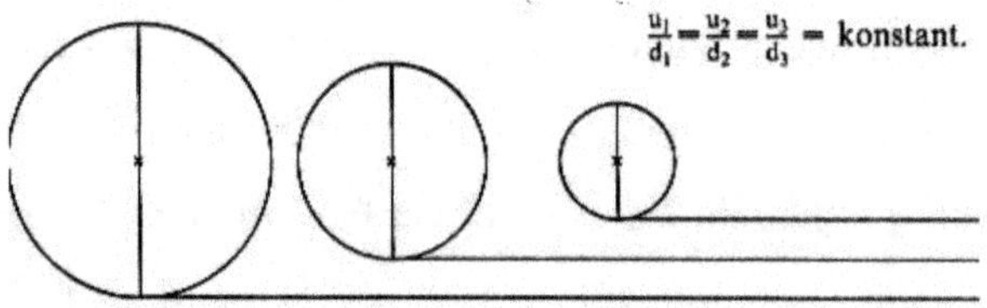

Durch das Abrollen eines Kreises (jetzt nur einer) auf einer Geraden ergibt bei einer Umdrehung eine Strecke von 3,14 Kreisdurchmessern. Interessant wäre es dann für die S., ob sich das an anderen Kreisen wiederholt. Ein runder Gegenstand von ordentlicher Größe sind die Strohballen, die zu runden, weißen Packungen in Kunststoff verschweißt werden. Sieht man bei der Gelegenheit eines Klassentreffens solche Ballen, so könnte man doch daran denken.

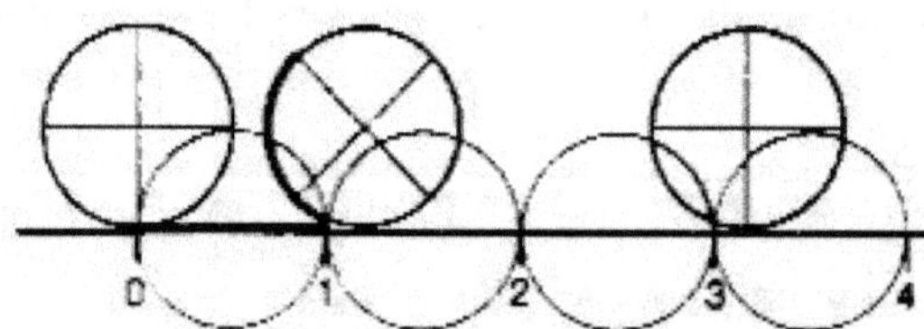

Kreisakupunktur

Man könnte ähnlich der Monte-Carlo Methode entlang des Kreisumfanges und -durchmessers Punkte dicht aneinander setzen und diese gleich mitzählen. Wenn man dieses an mehreren Kreisen wiederholt, so fällt die Proportionalität relativ schnell auf. Diese Methode bleibt aber solange eine Vermutung, bis sie in der Schule auf ihre Zweckmäßigkeit überprüft wurde.

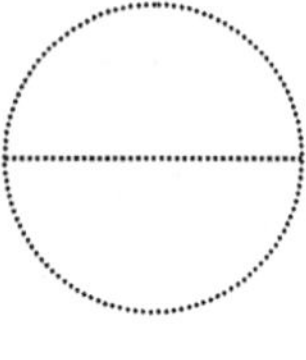
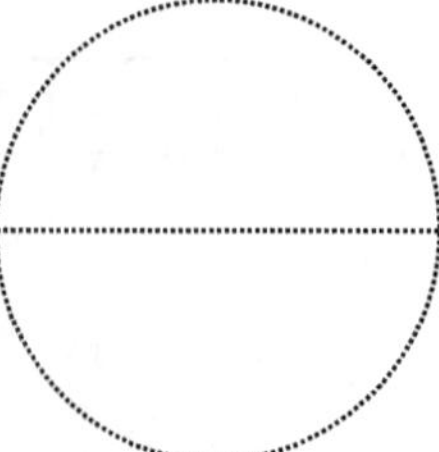
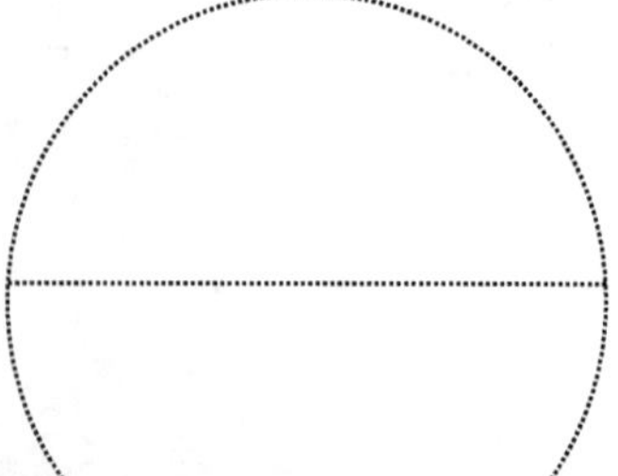

Fachlich-didaktische Erörterung

Den Zusammenhang zwischen Umfang und Flächeninhalt eines Kreises wird zuerst bei Archimedes gefunden. Frühere Quellen bringen diese beiden Größen nicht in einen Zusammenhang.

Hier sollen mehrere Möglichkeiten präsentiert werden, wie man den Zusammenhang beider Größen, um die es im Wesentlichen bei der Kreisberechnung geht, herleiten kann. Dabei sind eine bekannte und in Schulbüchern verbreitete und andere weniger bekannte Herleitungen. Die unbekannten Herleitungen zeigen verblüffende Zusammenhänge.

Rechtecksannäherungen[62]

(Abkürzung **RA**): Aus dem Umfang wird der Flächeninhalt hergeleitet (U $\Rightarrow$ A). Diese plausible Betrachtung geht auf Archimedes zurück. Zerlegt man die Hälften eines Kreises jeweils in n gleichgroße Sektoren, so kann man diese ausschneiden und annähernd zu einem Rechteck zusammensetzen. Die Länge des Rechtecks ist der halbe Umfang, da nur die Hälfte der Kreissektoren eine Rechtecksseite bilden. Die Breite entspricht dem Radius. Somit lasst sich der Zusammenhang zwischen Fläche und Umfang des Kreises annähernd angeben:

$$A \approx r \cdot \frac{1}{2} U \Rightarrow k'r^2 \approx r \cdot \frac{1}{2} \cdot k \cdot r \Rightarrow 2k' \approx k$$

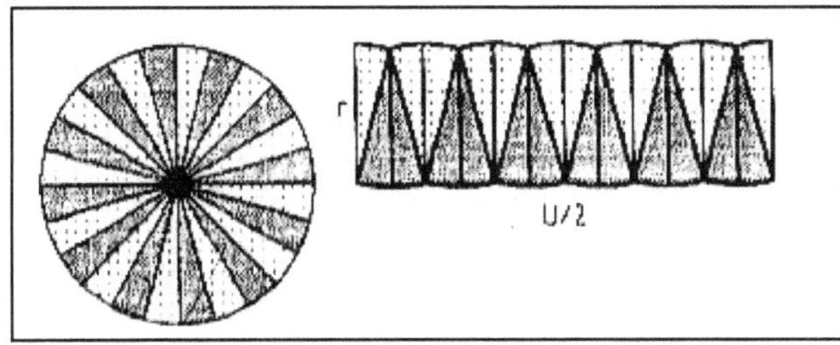

Durch Vergrößerung der Anzahl der Sektoren, in welche der Kreis zerlegt wird, gelingt die Annäherung immer besser. Es leuchtet ein, dass bei dem gedachten Grenzübergang durch unendlich viele Sektoren, aus einem angenäherten ein exaktes Rechteck entsteht. Wegen U = 2πr folgt daraus die Flächeninhaltsformel für den Kreis: $A = \dfrac{2\pi r}{2} \cdot r = \pi r^2$

Für den Flächeninhalt A eines Kreises mit Radius r gilt:	$A = \pi r^2$
Zwischen Kreisinhalt und Kreisumfang U besteht die Beziehung:	$A = \dfrac{U}{2} \cdot r$

---

[62]siehe dazu Diff-Brief Geometrie. Teil 4, S.56

Diese puzzleartige Herleitung hat den Vorteil, dass sich daraus ein Modell leicht bauen lässt (aus Karton oder Papier). Besitzt man Magnetknöpfe, dann kann man problemlos mit Papier an einer Metallplatte, wie z.B. der Tafel hantieren.

Selbst ohne große Vorbereitung lässt sich der Zweck mit diesem Modell realisieren. Man nehme ein Blatt Zeitungspapier der Morgenzeitung und lasse mehrere Gruppen von S., parallel Kreise mit der Seilmethode oder (noch schneller) der Ellenbogenmethode zeichnen und ausschneiden. Eine Folie (oder Erklärung über Pizza- oder Kuchenteilung) soll die Vorgehensweise kurz veranschaulichen. Jede Gruppe soll einen anderen Winkel der Kreissektoren wählen. Durch geringes Anfeuchten der Papierstücke haften diese nun kreisförmig sehr gut an der Tafel (In einigen Klassen soll es infolge von Blumen auch Wasserbestäuber geben). Auf die Frage, ob man denn daraus ein Rechteck legen könnte, wird man nicht lange auf eine Antwort warten müssen. Nachdem die Kreissektoren umgelegt wurden, ist es interessant zu sehen, wer die beste Annäherung erzielen konnte. Eine klärende Diskussion macht den angenommenen Grenzübergang den S. plausibel. Zuletzt leitet man möglicherweise ohne große Beteiligung der LehrerIn den Zusammenhang formelmäßig her.

Dieses Thema eignet sich auch gut für ein Kurzreferat. Diese Methode des selbständigen Arbeitens sollte man schonend, aber früh einführen. Wird sie mit dem nötigen Ernst betrieben, halten plötzlich nicht mehr die LehrerInnen den Unterricht. Selbstverständlich ist dieses von der Klasse abhängig.

Kreisring

(Abkürzung **KR**):[63] Ein schmaler Kreisring lässt sich annähernd als Trapez abrollen. Es gilt für den Flächeninhalt mit der Flächeninhaltsformel des Trapezes (Inhalt der Kl.8):

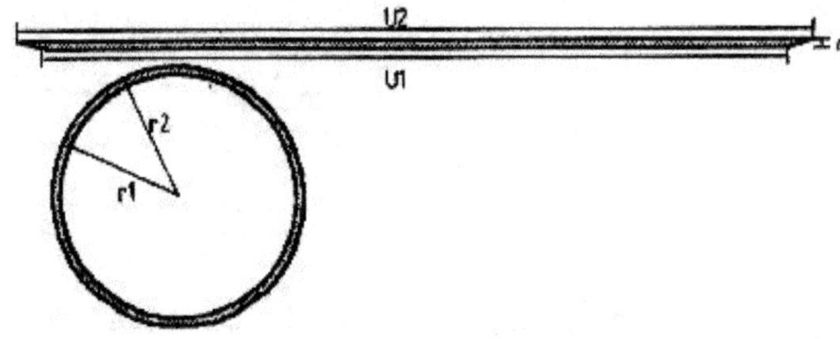

$$A_2 - A_1 \approx \tfrac{1}{2}\,(U_2 + U_1)(r_2 - r_1)$$

$$k'r_2^2 - k'r_1^2 \approx \tfrac{1}{2}\,(k \times r_2 + k \times r_1)(r_2 - r_1) = 1/2\,k(\,r_2^2 - r_1^2) \quad \Rightarrow \quad 2k' \approx k$$

Diese Herleitung zeigt, wie der Umfang und die Fläche zusammenhängen. Dazu benötigt man aber beide Proportionalitäten zum Radius, die bereits hergeleitet sein müssten.

Dreiecksannäherung[64]

(Abkürzung **DA**): Aus dem Umfang wird der Flächeninhalt hergeleitet (U $\Rightarrow$ A). Wenn man den Umfang eines Kreises auf einer Tangente des Kreises abrollt, kann man jeden Kreissektor annähernd in ein flächengleiches Dreieck verwandeln, dessen Grundseite die Bogenlänge des

---

[63]Quelle: Skript **Lörcher**: Fachliche Grundlagen des 9/10 Schuljahres. WS97/98, S.20
[64]ebenda

Sektors und dessen Höhe der Radius des Kreises ist. Die gesamte Kreisfläche ist dann annähernd so groß wie die Kreisfläche des gesamten Dreiecks. Dieses hat als Grundseite den Umfang und als Höhe den Radius des Kreises: $A \approx \dfrac{1}{2}Ur \Rightarrow k'r^2 \approx \dfrac{1}{2} \cdot k \cdot r \cdot r \Rightarrow 2k' \approx k$.

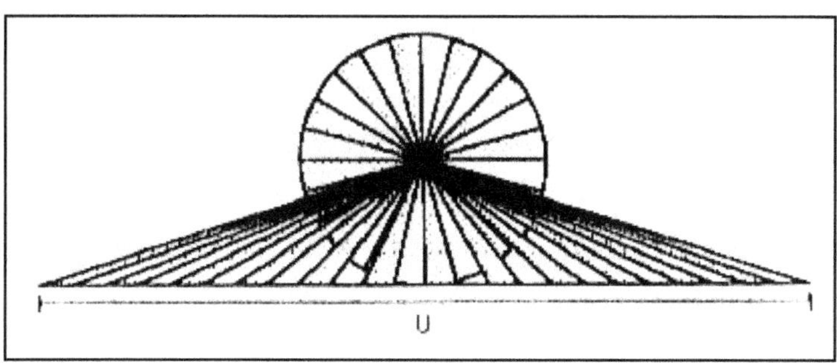

Es ist erstaunlich, dass eine Annäherung an ein Dreieck auf diesem Wege möglich ist. Sie ist der Rechtecksannäherung sehr ähnlich, kann aber nicht als Modell realisiert werden. Diese Herleitung müsste, an der Tafel erfolgen.

Hat man Pi bisher nicht eingeführt, dann muss man auf die Äquivalenz der Flächen- und Umfangsformel hinweisen: Die Kreiskonstante $\dfrac{U}{2r} = \dfrac{A}{r^2}$ wird Pi genannt.

Differentialrechnung

Sei $A = A(r) = \pi r^2$ und $U = U(r)$. Eine kleine Änderung von r um Δr bewirkt eine Änderung von A um ΔA, und zwar $\Delta A \approx U(r) \times \Delta r$. Folglich ergibt sich

$$\lim_{\Delta r \to \infty} \frac{\Delta A}{\Delta r} = A'(r) = 2\pi r \Rightarrow U = 2\pi r$$

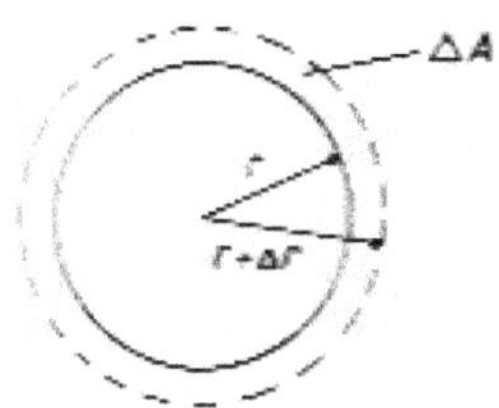

Eine Reise durch die Geschichte

Viele Schulbücher gehen in kleinen Unterkapiteln auf die Geschichte der Zahl Pi ein. Diese sind ideal als Quellen für ein Historie-Intervall. In einer kleinen Mappe kann man auch andere Quellen (wie z.B. aus dieser Arbeit) bereithalten. Selbstverständlich bietet sich hier das Internet als weitere, aktuellste Quelle an. Ohne Vorbereitung des Lehrers wird dies aber nicht gelingen. Da in den EDV-Räumen der Schulen i.d.R. kein 'Klassensatz' bereitsteht, bietet sich eine Klassenteilung im Kontext mit einem Wettbewerb. Dabei schneidet man aus Textil zwei große Pi's aus und lässt das schönste Pin-Pi herstellen. Diese Idee ist sogar durchführbar, ohne dass man mit dem bekannten Virus abstrusum Pi (s.Pi-Mystik) befallen zu sein braucht.

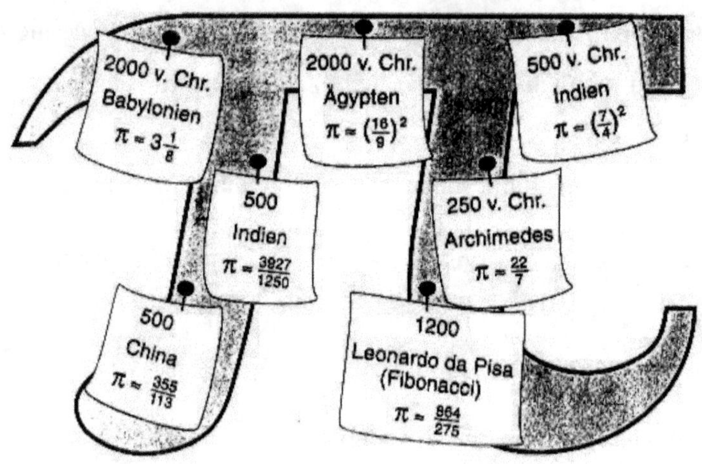

1794 bewies der französische Mathematiker A. M. Legendre, dass es keine Bruchzahl gibt, die mit Pi genau übereinstimmt. Legendre vervollständigte dabei einen früheren Beweis (1761) des deutschen Mathematikers J. H. Lambert.

Bestimmte für die historischen Näherungswerte mit dem Taschenrechner die ersten 6 Nachkommastellen.

Kennzeichne, bis zu welcher Stelle sie mit Pi übereinstimmt.

Etwa um 1600 berechnete der holländische Mathematiker Ludolf van Ceulen 35 Nachkommastellen von Pi. Deshalb wurde Pi bis ins 20. Jahrhundert hinein oft als "Ludolf'sche Zahl" bezeichnet.

$\pi = 3{,}141\ 592\ 653\ 589\ 793\ 238\ 462\ 643\ 383\ 279\ 502\ 88...$

Die Bibel (2. Buch der Chronik 4.2) berichtet über ein Wasserbecken vor dem Tempel, den König Salomon 1000 v. Chr. bauen ließ:
Und er machte das Meer, gegossen, von einem Rand zum anderen zehn Ellen breit, ganz rund, fünf Ellen hoch, und eine Schnur von dreißig Ellen konnte es umspannen. $\pi = ?$

Schulbuch	Kapitel	Themen
Lambacher Schweitzer 10 (Gym) Seite 88-90	Mathematische Exkursionen **Historisches zur Kreiszahl Pi** (informativ)	1. **Annäherung** durch: Brüche, unendliche Summen, Wurzel ausdrücke, unendliche Produkte 2. **Quadratur** und Rektifikation des Kreises und interessante Aufgaben dazu 3. **Transzendenz**
Einblicke 8 (HS) S.87	Infokasten (sehr wenig)	Archimedes Computerberechnungen Berechnung mit Taschenrechner
Schnittpunkt e 9 (RS) S.137-139	**Die Kreiszahl Pi** Schwerpunkt auf Berechnungen	1. Cheops-Pyramide und Herleitung Archimedes (s.o. Scheid) 2. Merkverse, Näherungen(stabelle), Ägypten-Achteck 3. Näherungsrechnung, Monte-Carlo, unendliche Summen(kurz)

Runde Tangrams

Diese Tangrams können als Intervalle, Einstiegsmöglichkeiten oder interessante Beilage zu dem Mathematikunterricht (oder gar nicht im Zusammenhang mit der Mathematiik) genutzt werden. Ihre Bauweise ist aus den Bildern ersichtlich.Sie fördern die Anschauung und entwickeln ein gutes Vorstellungsvermögen. Flächenaufteilungen und Flächenzusammensetzungen stehen bei Flächenberechnungen im Vordergrund.

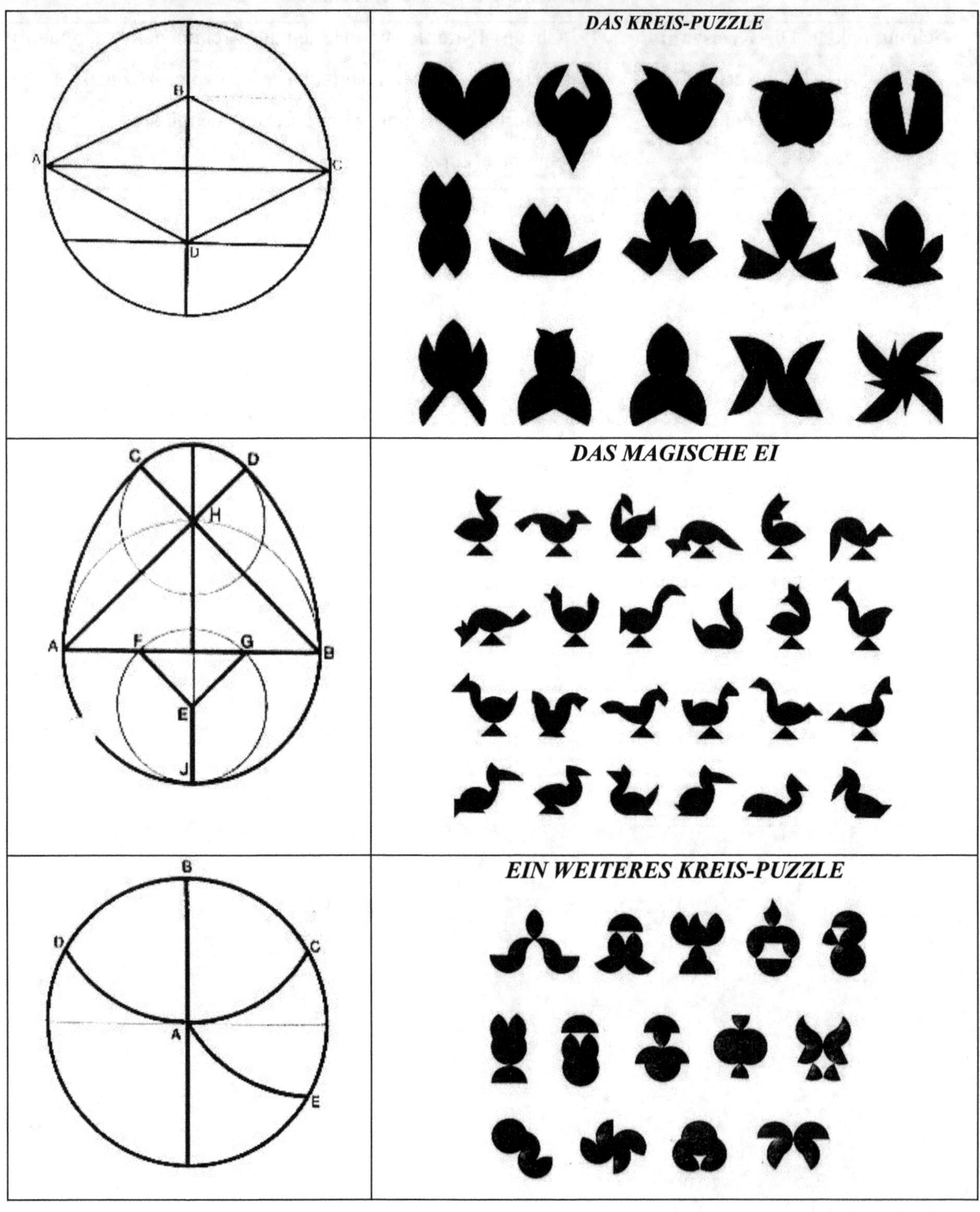

Paradoxon: Das Band um den Äquator

Man lege um den Äquator der Erde ein Band, das genau aufliegt. Die Erde betrachten wir als eine Kugel mit Radius R = 6370 km, ohne Bodenerhebungen. Nach der Formel $U = 2\pi R$ erhält man einen Umfang von 40000 km.[65]

Das Problem lautet: Man stelle sich vor, dass das Band um den Äquator zerschnitten und durch Einfügen eines weiteren Stückes von einem Meter verlängert wird. Das erweiterte Band soll wieder um den Äquator gelegt werden, so dass er überall gleich hoch über der Erde steht. Mit anderen Worten: Es soll auf einen Kreis um den Erdmittelpunkt liegen, dessen Radius nicht mehr der Erdradius R, sondern ein etwas größerer Radius R+x ist.

Wie groß ist x?!

Auf dem ersten Blick wird man das Problem dadurch gelöst sehen, dass man x für verschwindend klein hält. Dagegen löst die Frage, ob denn darunter eine Fliege durchkriechen könne oder sogar ein Dackel, Interesse und gleichzeitig einen Widerspruch aus. Höchstens eine Ameise könnte es schaffen. Alles Größere kann man sich schwer vorstellen, dass dies möglich sein soll. Dennoch wird es indirekt durch die Frage behauptet. Allein zu schätzen führt nicht weiter.

Ist man dagegen geübt im Abschätzen und weiß, dass Umfang und Durchmesser im linearen Verhältnis von ungefähr 3 zueinander stehen, so wird man folgende Überlegung anstellen:
Dem Zuwachs an der einen Größe entspricht einem Zuwachs der anderen Größe. $\Delta U \approx \Delta R = x$.

$$U = 40.000.000 \text{ m} \qquad\qquad R = 6.370.000 \text{ m}$$
$$\Delta U = 1 \qquad\qquad\qquad\qquad \Delta R = x$$

Demnach $6 \approx \dfrac{40.000.000}{6.400.000} \approx \dfrac{1}{0,15}$. 0,2 ergäbe ein zu großes Verhältnis, also nimmt man 0,15. Dies wären dann 15 cm und der Dackel könnte durch.

Rechnung: Der Umfang U_1 des neuen Kreises ist U+1m. Andererseits ist es der Umfang eines Kreises vom Radius R+x. Somit gilt: $U_1 = U + 1 = 2\pi R + 1 = 2\pi(R + x)$

$$2\pi R + 1 = 2\pi R + 2\pi x$$
$$1 = 2\pi x$$

In Metern ausgedrückt erhält man $x = \dfrac{1}{2\pi} m \approx 0{,}16 m = 16 cm$.

---

[65] **Meschkowski**: Mathematik verständlich dargestellt, S.150

Bei dieser Rechnung fällt der Radius heraus. Man gewinnt das gleiche Ergebnis, wenn man statt der Erdkugel einen Globus vom Radius 50 cm oder auch eine Apfelsine nimmt. Es gibt aber Leute, die der Mathematik nicht trauen und das Problem durch Versuche an kreisförmigen Brunnen mit 10 m Durchmesser näher kommen wollen.

Die gleichen Überlegungen lassen sich an einem Prisma mit quadratischen Querschnitt oder n-Eck durchführen. Im ersten Fall gilt mit der Seite s des ursprünglichen Quadrats die Beziehung

$4s + 1 = 4(s + 2x) = 4s + 8x \Rightarrow x = 1/8$ m $= 12{,}5$ m, unabhängig von s.

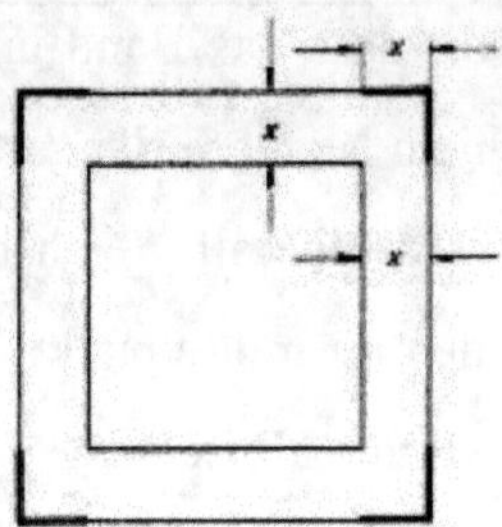

Führt man die entsprechende Überlegung an einem regelmäßigen n-Eck durch, so wird die Verlängerung des Bandes aufgebraucht für 2n Strecken der Länge l. Man hat $2nl = 1$, also

$$\tan\frac{\pi}{n} = \frac{1}{x}$$

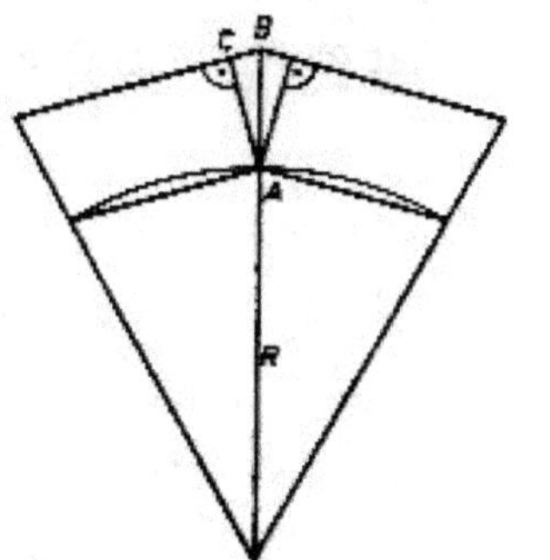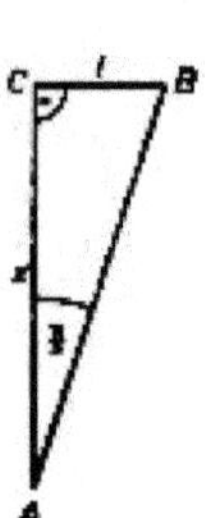

$$(*) \quad x = \frac{1}{2n \cdot \tan\dfrac{\pi}{n}} = \frac{1}{2\pi} \cdot \frac{\dfrac{\pi}{n}}{\tan\dfrac{\pi}{n}} = \frac{1}{2\pi} \cdot \cos\frac{\pi}{n} \cdot \frac{\dfrac{\pi}{n}}{\sin\dfrac{\pi}{n}}.$$ Aufgrund der Stetigkeit der cos-Funktion

ist der erste Grenzwert 1. Aus der Reihenentwicklung der sin-Funktion wird ersichtlich (ein Beweis ist auch in jedem gängigen Analysis Buch z.B. Heuser:Analysis I, im Kap. über Folgen nachlesbar),

dass der Grenzwert $\lim\limits_{z \to 0} \dfrac{\sin z}{z} = 1$ ist. Damit ist auch der Kehrwert gleich 1 und aus (*) folgt:

$$\lim_{x \to \infty} x = \frac{1}{2\pi} \lim_{n \to \infty} (\cos\frac{\pi}{n}) \lim_{n \to \infty} (\frac{\dfrac{\pi}{n}}{\sin\dfrac{\pi}{n}}) = \frac{1}{2\pi}$$

Auch hier ergibt sich eine Unabhängigkeit von R.

Der Alte von Pilos

Auf der griechischen Insel Pilos war man noch nicht in der Lage, die Fläche eines Kreises zu berechnen. Wieder einmal bedrohte die lästige Sphinx die Bewohner der Insel mit dem Untergang, wenn sie nicht binnen eines Tages die Lösung eines Rätsels lieferten. Die Sphinx zeichnete mit einem Zirkel drei Kreise, von denen jeder durch die Mittelpunkte der anderen beiden ging.

Dann kennzeichnete sie den Ausschnitt, der allen drei Kreisen gemeinsam

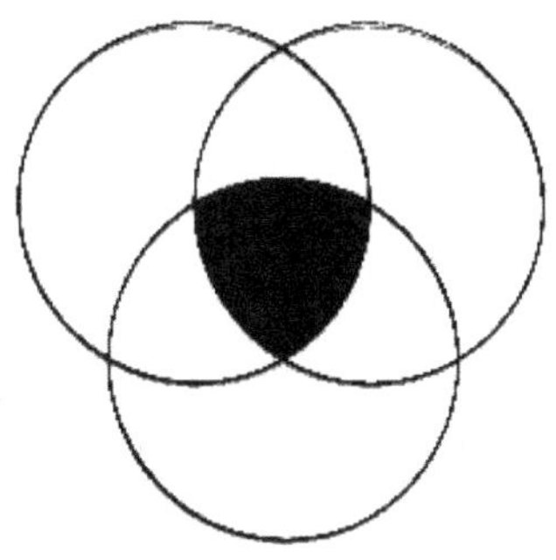

ist.

□□
□□□□□□□□□□□□□□□□□□□□□□□□□□□□□□□□□□ fragte das Wesen. In einer Übersetzung bedeutet das: „Ist diese Fläche kleiner oder größer als ein Viertel der Fläche eines Kreises?" Daraufhin ergriff der Älteste der Inselbewohner das Wort, Zirkel und Kreide und löste das Problem elegant. Die Sphinx zog beleidigt von dannen, behelligte die Insel fortan nicht mehr und belagerte statt dessen die Stadt Theben.[66]

Die Antwort des Pilos wird folgendermaßen gelautet haben. "Wie du gesehen hast, habe ich zuerst den ganzen Marktplatz mit meinen Kreisen bemalt. Jeder Kreis hat den gleichen Radius wie deine drei Kreise. Ich habe die Mittelpunkte so gelegt, dass sie immer genau in den Schnittpunkten bereits vorhandener Kreise liegen. Eine Kreisfläche besteht aus zwölf roten und sechs gelben Teilflächen. Ein Viertel eines Kreises besteht also aus drei roten Flächen und drei halben gelben Flächen. Die grüne Fläche, die du mir gezeichnet hast, besteht aus drei roten und einem gelben Teil. Es ist nun leicht einzusehen, dass die grüne Fläche

---

[66] Preisrätsel: Der Alte von Pilos. *In*: Spektrum der Wissenschaft, (1

um die Hälfte um die Hälfte eines gelben Teils

kleiner ist als ein (violett gezeichnetes) Viertel

einer ganzen Kreisfläche."

Der Alte konnte zwar das Rätsel lösen, jedoch nicht den Anteil exakt bestimmen, den die

gezeichnete (grün markierte) Fläche im Verhältnis zur ganzen Kreisfläche ausmacht. Dies ist erst

mit Kenntnis der Zahl Pi möglich.

Die Kreisfläche beträgt πr^2. Verbindet man die Ecken des grün markierten Gebietes durch gerade

Linien, so zerlegt man es in ein gleichseitiges Dreieck und drei schmale Kreissegmente.

Das gleichseitige Dreieck und ein kleines Segment haben zusammen ein Sechstel einer Kreisfläche.

Deshalb hat jedes der kleinen Teile den Flächeninhalt $\pi r^2/6$ abzüglich der Fläche $r^2\sqrt{(3/4)}$ des

gleichseitigen Dreiecks. Die gesuchte Gesamtfläche besteht aus dem Sechstel eines Vollkreises und

zwei kleinen Teilen; das ergibt $r^2(\pi-3)/2$. Setzt man dies zur Vollkreisfläche ins Verhältnis, erhält

man $(\pi-3)/(2\pi)$, also rund 22,4% des Kreises.

Ein fächerübergreifender Übungszirkel

In der neunten Klasse sind 5 Themen zum fächerverbindenden Unterricht vorgesehen. Dieser

Übungszirkel stellt eine von weiteren Möglichkeiten mit Mathematik als Leitfach dar. Günstig wäre

eine Absprache mit dem Sportlehrer/Sportlehrerin hinsichtlich Leichtathletik und

Laufwettbewerben auf der 400-m-Laufbahn des Stadions.

Auf vorbereiteten Schablonen sind die unten abgedruckten Stationen in vergrößerter Form

aufgeklebt. Auf den Rückseiten befinden sich erklärende Skizzen über den jeweiligen Sacherhalt.

Sie sind so angelegt, dass beim Aufklappen, Bild und Text in einer Richtung gelesen werden

können. Jede Gruppe (von 2 -3 SchülerInnen) bekommt zur Veranschaulichung eine Station,

anhand derer sie Erklärungen der LehrerIn nachvollziehen kann. Ein Vortext gibt (historische)

Informationen. Anschließend folgt eine kurze Erklärung mit allen notwendigen Zahlenangaben (fett

hervorgehoben). In einem hervorgehobenen Balken ist zuletzt die Aufgabe formuliert. Auf der

Innenseite der Schablonen sind die Ergebniszahlen zur Kontrolle für die S. aufgeschrieben. Sie

können aber auch auf Papier auf der Rückseite der Tafel festgehalten werden. Die Bearbeitung der

Stationen soll nicht über einen Laufzettel festgehalten werden, sondern die Gruppen müssen zuletzt

ein Protokoll mit ihren bearbeiteten Aufgaben abgeben. Es dient einerseits den S. als

Ergebnissicherung, andererseits als Evaluation des Übungszirkels. Es ermöglicht mir die, Effizienz

des Zirkels und meine Zielvorstellungen anhand der Schülerergebnisse zu überprüfen.

1

Die gesamte Rundbahn ist heute überall einheitlich 400 m lang. Früher gab es ganz unterschiedliche Bahnlängen. Bei den ersten Olympischen Spielen in Athen 1896 war die Bahn 333,33 m lang, damit drei Runden genau 1000 m ergaben. 1900 in Paris wurde auf einer Grasbahn von 500 m Länge gelaufen. Zwei Runden ergaben dadurch 1000 m.

Bei den heute üblichen Rundbahnen sind die Kurven Halbkreise mit einem **Radius von 36,80 m** für die **400 m Lauflinie**. Die einzelnen Laufbahnen sind **1,22 m breit**. Die acht Einzelbahnen werden üblicherweise von innen nach außen mit eins bis acht nummeriert.

Aufgabe

Berechne die Länge der Kurven und Geraden für die 400 m Lauflinie.

Wieviel länger ist der Rundkurs auf Bahn 2,3,4 ?

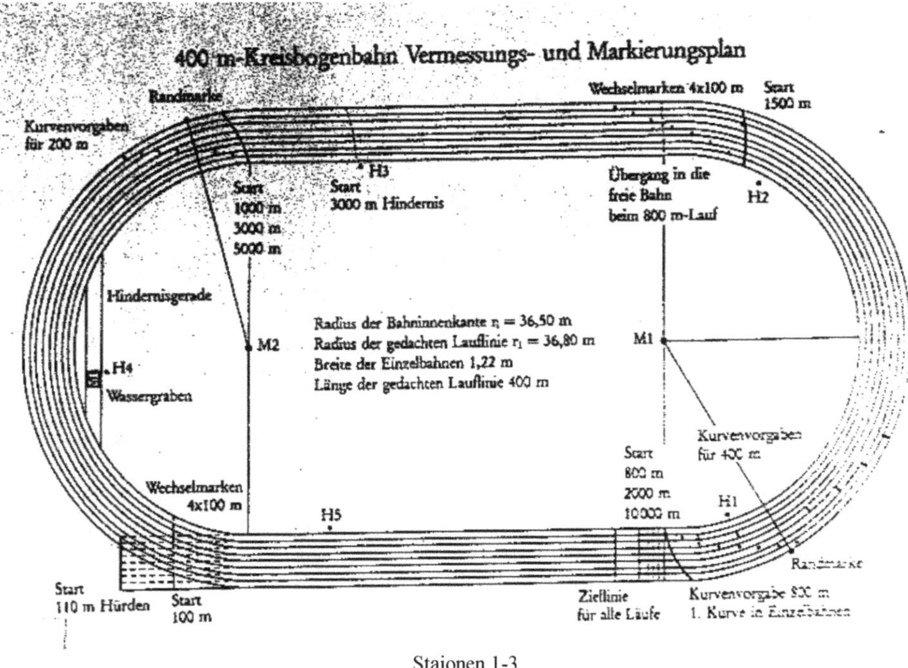

Stationen 1-3

Die 400 m - Bahn ist nur 398,12 m lang

Die **400 m** - Bahn ist nur 398,12 m lang. Überraschend ist es schon und dennoch ganz natürlich. Weil Laufbahn und Rasenfläche durch eine etwa 5 cm hohe Berandung aus Stein voneinander getrennt sind, kann der Läufer auf der Innenbahn, wenn er nicht übertreten oder stolpern will, nur in einem gewissen Abstand von der Berandung laufen. Laut Vorschrift ist dieser Abstand mit **30 cm** anzunehmen. So entsteht eine „**gedachte Lauflinie**". Die Bahn ist so zu bauen, dass die **gedachte Lauflinie** 400 m lang ist.

<u>Aufgabe</u>

Wieviel Zeit könnte ein Läufer gewinnen, wenn er in einem Abstand 20 cm von der Berandung läuft? Die durchschnittliche Laufzeit für eine Runde beträgt 44 Sekunden.

Kurvenvorgaben

Die 400 m lange, gedachte Lauflinie hat **30 cm** Abstand von der der Begrenzung. **Auf den übrigen Laufbahnen hat die gedachte Lauflinie nur 20 cm Abstand von der inneren Begrenzungslinie, da die Berandung dort fehlt.**
Die Läufe bis 400 m werden in Einzelbahnen ausgetragen. Interessant ist dabei, dass die Startpositionen in den Kurven auf verschiedenen Höhen liegen, damit die Läufer genau 400 m auf ihrer Bahn zu laufen haben.

Der tatsächliche Radius der ersten Bahn beträgt
r Bahn = r gedachter Lauflinie - 30 cm = 36,80 m - 30 cm = 36,50 m
Der Abstand der einzelnen Bahnen voneinander beträgt **1,22 m**.

<u>Aufgabe</u>

Wo sind die Startpositionen auf den einzelnen Bahnen anzubringen?
Wieviel Meter Vorsprung hat ein Läufer auf einer 200 m - Bahn?

Fußballfeld

In einem Stadion wird ebenso Fußball gespielt.

Der Anstoßkreis sowie der Kreisbogen am Sechzehnmeterraum auf einem Fußballfeld haben einen Radius von **10 yards**. Ein yard entspricht **91,44 cm**.

<u>Aufgabe</u>

Berechne die einzelnen Strecken, die der Streuwagen abfahren muss, um den Anstoßkreis und den Kreisbogen am Sechzehnmeterraum zu markieren.

Wie würdest du die Markierung auf dem Feld durchführen?

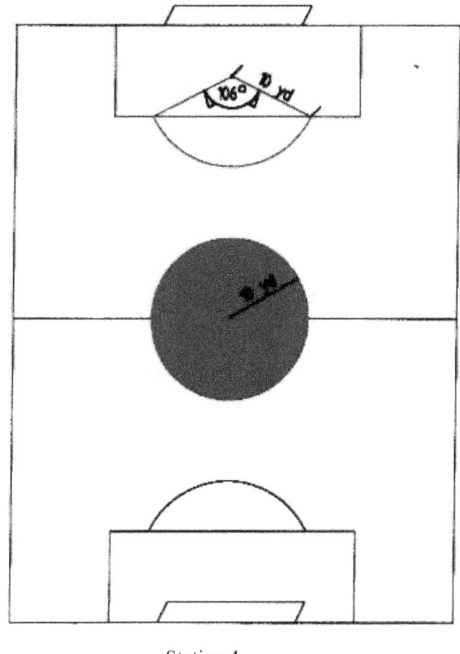

Station 4

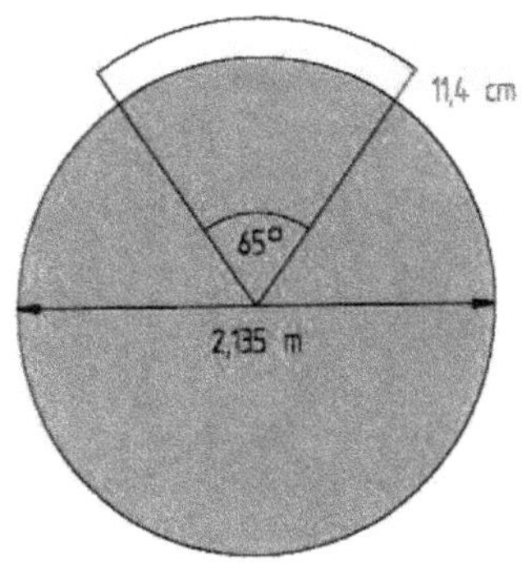

Station 5

Kugelstoßring Station 5

Ein weiterer Sport im Stadion ist das Kugelstoßen. Es entwickelte sich in Großbritannien aus Stoßwettkämpfen mit Steinen und Metallstücken. Seit 1896 ist es olympische Disziplin für die Herren, seit 1948 für Damen. Die Kugel für Herren hat ein Gewicht von 7,265 kg (Durchmesser 11 - 13 cm), diejenigen für Damen ein Gewicht von 4,005 kg. (Durchmesser 9,5 - 11 cm). Der Weltrekord bei den Damen und Herren liegt über 20 m.

In der Zeichnung sieht man die Abmessungen eines Kugelstoßringes, der von einem 6 mm starken Eisenring umfasst ist. Der Stoßbalken grenzt den Stoßsektor ab.

Aufgabe
Wie groß ist die gesamte Stoßkreisfläche?

Wieviel m Eisenband braucht man für die Umrandung?

Der Stoßbalken muss weiß gestrichen sein. Berechne die zu streichende Fläche in dm2.

Wie programmiere ich meinen Fahrradcomputer

Alexandra stellt den Fahrradcomputer für ihr neues Fahrrad ein. Damit genaue Zahlen angezeigt werden, muss die Größe der Laufräder eingegeben werden. Sie geht laut Bedienungsanleitung vor.
- den Radius des Vorderrades vom Boden bis zur Nabenmitte auf mm genau messen
- zur Berechnung der Wegstrecke einer Radumdrehung (Entfaltung) den gemessen Wert verdoppeln und dann mit multiplizieren
- die Zahl eingeben und abspeichern

Ein Zoll beträgt **2,54 cm.**

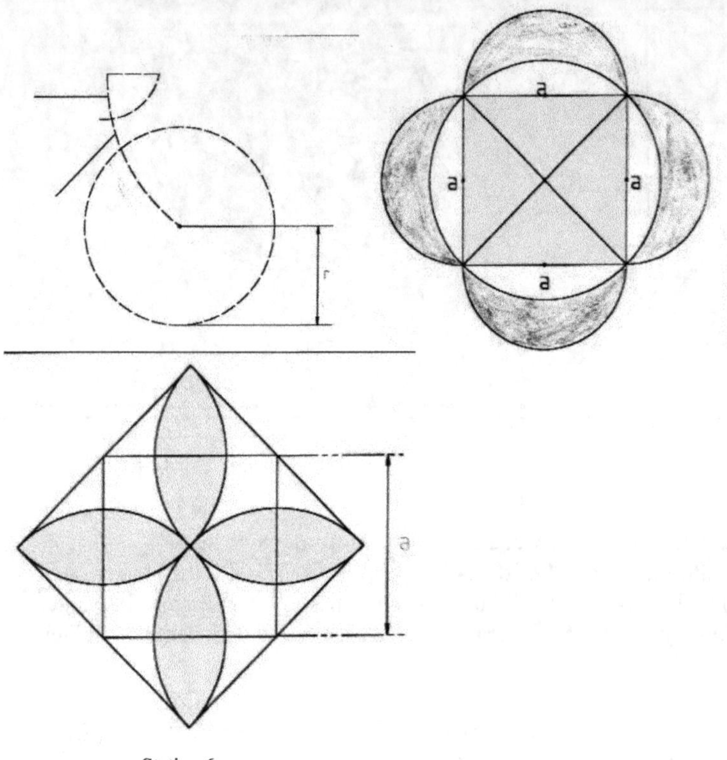

Station 6   Station 7

Liste der Ziele

<u>Lernziele</u>:

1. Die S. sollen die Formeln des Kreises an praktischen Problemen anwenden lernen. Dabei sollen die Formeln im Sinne der Reflexivität aus unterschiedlichen Blickwinkeln gesehen werden und ein sicherer Umgang mit Formeln erreicht werden.

2. Die S. sollen in einem Stadion die gegebenen Längen durch Messung überprüfen und ihre Datensammlung mit den errechneten Zahlen vergleichen. Sie sollen dadurch die 'Geheimisse' einer 400m - Laufbahn entdecken und ihre geschichtliche Entwicklung kennenlernen.

3. Die S. sollen ihre Ansätze und Herleitungen in nachvollziehbarer Weise protokollieren lernen. Dabei soll eine angemessene Verwendung der Fachsprache und erläuternde Kommentare angestrebt werden.

<u>Pädagogische Ziele</u>:   1. Die S. sollen in einer begrenzten Zeit in Teamarbeit selbständig ein Ergebnis erarbeiten. Dazu sollen sie eine konzentrierte und problemorientierte Arbeitshaltung einnehmen.

2. Der Zirkel soll die Entwicklung einer planerischen und organisatorischen Kompetenz der S. fördern.

3. Die S. sollen soziale Umgangsformen und Fähigkeiten einüben.

Überlegungen zu Zielen und Inhalten

<u>zu Fachziel 1</u>: Die Formeln zur Kreisberechnung müssen schon behandelt sein. Um zu Ergebnissen zu kommen, müssen die S. die für die Berechnung wichtigen Daten erkennen und einsetzen. Dabei muss manchmal die erforderliche Formel algebraisch umgeformt werden. Der Taschenrechner soll als Hilfsmittel eingesetzt werden. Dieses Fachziel liegt um eine Abstraktionsstufe höher als Fachziel 2. Dabei sollen die S. jenes im Kleinen üben, was die Angewandte Mathematik macht, nämlich praktische Probleme auf einer theoretischen Ebene übersetzen, dort lösen und wieder rückübersetzen.

<u>zu Fachziel 2</u>: Die Laufbahn-Mathematik ist für die Ausführung in einem Stadion konzipiert. Dort besteht für die S. die Möglichkeit, Strecken abzumessen, abzulaufen und die in den Stationen beschriebenen Sachverhalte zu überprüfen. Die S. können sich beliebig auf dem Boden ausbreiten. Ein Fahrrad mit programmierbaren Computer ist in der Regel unter den Schülerfahrrädern zu finden.

Das Konzept folgt den Intentionen der neuen Handlungstheorien (von Aebli, Piaget), wonach Lernen als planvolles Handeln und Problemlösen verstanden wird. Aebli will zeigen, wie sich das Denken in Kontinuität aus dem praktischen Handeln und aus der Wahrnehmung entwickelt. „Wenn das Denken aus dem Handeln hervorgeht, so muss schon das Handeln wesentliche Züge des Denkens enthalten. Gemeinsame Funktion und zugleich Zielsetzung von Denken und Handeln ist die Stiftung von Beziehungen zwischen vorgefundenen oder erzeugten Elementen." (aus Aebli: Denken: Ordnen des Tuns. 1981). Um dies zu erreichen, werden unterschiedliche Eingangskanäle (verbal/abstrakt, visuell, haptisch, dialogisch) angesprochen mit dem Ziel, unterschiedlichste Lerntypen zu erreichen.

Da die heutige Welt eine quantitative, eine messende Welt darstellt, sollte das Messen von Größen über die gesamte Schulzeit geübt werden. Diese Messungen liegen in Meterbereichen und wechseln die Zentimeter- und Millimeterdimension des Schulheftes ab.

<u>zu Fachziel 3:</u> In der Regel zeichnen die S. vorgezeichnete Tafelbilder ab. In einem Protokoll haben sie die Freiheit oder Zwang ihren Aufschrieb selbst zu gestalten. Ihre Darstellungsweise soll ihnen dabei bewusst gemacht werden. Dabei müssen sie sich Gedanken machen über die Blattaufteilung, ihrem Schriftbild, erklärende Zeichnungen und eventuell dem Einsatz von Farben. Der sprachliche Ausdruck, die verwendeten Formeln und eingesetzten Zahlen sollen auf ihre Richtigkeit überprüft werden.

<u>zu Päd.Ziel 1:</u> Konzentriertes Arbeiten und Disziplin an einer Sache sind heute wichtiger denn je. Durch Reizüberflutung der Medien, steigende Schnelligkeit der Lebensprozesse, steigender Technisierung der Kommunikationswege, Neuorientierung der Werte und erhöhten Leistungsanforderungen in der Gesellschaft werden die Menschen körperlich und psychisch anfälliger. Daher haben auch viele Kinder Konzentrationsschwierigkeiten und Disziplinmangel. Dabei wird hier unter Disziplin eine Disziplin an der Sache und sich selbst gegenüber verstanden. Obwohl sie von den LehrerIn viel Einsatz erfordert, sollte sie nicht vernachlässigt, gar aufgegeben werden. Der Zugang für die Schüler dazu wird nicht über autoritäre, sondern autoritative und demokratische Weise ermöglicht.

Die Teamarbeit ist heute eine weitverbreitete Arbeitsform. Menschen unterschiedlicher Kenntnisse, Fähigkeiten und Voraussetzungen arbeiten zusammen an einem Problem. Diese Verhältnisse sind auch in den kleinen Schülergruppen gegeben. Wo eine Schülerin oder ein Schüler alleine eine Aufgabe nicht lösen kann, erreicht es die Gruppe in kleinen Schritten durch Verkettung einzelner Ideen. Der Übungszirkel stellt mehrere solcher Aufgaben. Durch Wiederholung dieser Arbeitsform wird sie auf, sozialer, fachlicher und methodischer Ebene eingeübt. Dabei soll betont werden, dass diese Stunden lediglich ein kleiner Ausschnitt aus einer langen Übungsreihe in dieser Arbeitsform darstellen kann.

<u>zu Päd.Ziel 2:</u>

Jede Gruppe muss ihren eigenen Weg durch die sieben Stationen finden. Auf welche Weise sie ihn plant und organisiert, bleibt ihr überlassen. Viele dieser Schritte erfolgen bei den S. automatisch. Dennoch kommen sie an Stellen, die ein bewusstes Nachdenken über den weiteren Verlauf erfordern. Besonders im Hinblick auf ihren weiteren Lebenslauf sollten S. stärker auf die Organisation schlechthin und Planung des Lernprozesses Einfluss üben.

<u>zu Päd.Ziel 3:</u>

In diesem Übungszirkel wird die Sozialform (Gruppenarbeit) von den LehrerIn, um die genannte Teamfähigkeit einzuüben. Sie wird auch durch den Schwierigkeitsgrad der Stationen notwendig. In der Wahl der Sozialform wurden die S. dadurch eingeschränkt. Die Gruppenbildung wird den S. überlassen. Hier müssen Entscheidungen getroffen werden, wer mit wem arbeiten will, welche Stationen zuerst und welche später bearbeitet werden.

Die Gruppenarbeit (im freien) soll soziales Lernen einem individualisierten Lernen vorziehen. Das Lernen soll Spaß machen und in einer angenehmen, von der Gruppe selbstbestimmten Atmosphäre des Miteinander stattfinden. Hilfsbereitschaft und Rücksichtnahme erfordern Einfühlungsvermögen. Die S. müssen durch ihr unterschiedliches Auffassungsvermögen aufeinander eingehen, um gegenseitig Schwächen und Stärken tolerieren. In der Gruppe kann die Motivation größer und damit die Frustrationsschwelle höher sein. Kommt eine Gruppe nicht weiter, so kann sie bei anderen Gruppen und zuletzt bei den LehrerInnen nachfragen.

Weiterhin sollen ihre sprachliche Kommunikation auf fachliche Inhalte erweitert und ihre Argumentationsfähigkeit gefördert werden. Die S. müssen sich von Lösungsvorschlägen gegenseitig überzeugen.

Methodenreflexion

Dieser Übungslernzirkel stellt eine Kombination aus *Lernzirkel* als offenen Unterricht und *fächerverbindenden Unterricht* der Fächer Mathematik und Sport dar.

<u>Der Lernzirkel</u>

Circuit ist ein in den 50er Jahren von den Engländern Morgan und Adamson entwickeltes Trainingssystem, dessen Ziel es ist, alle Teilnehmer an sportlichen Übungen gleichzeitig zu aktivieren. Uta Wallaschek griff dieses Prinzip 1990 auf und wandelte es zu einer Unterrichtsmethode, welche sich in den Bereich des offenen Unterrichts einordnen lässt.

Beim Lernzirkel (Überlegungen gelten auch für Übungszirkel) handelt es sich um einen indirekten, von Materialien geleiteten Unterricht, bei dem das lehrergeführte Unterrichten, das alle S. Schritt für Schritt, in gleichem Tempo und auf gleichem Niveau von einem Teilthema zum nächsten führt, zugunsten einer inneren Differenzierung abgelöst wird. Die freie Wahl der Stationen erlauben den S. eine individuelle und selbständige Erarbeitung der Themen, unter Berücksichtigung der Neigungen und Fähigkeiten.

Der Lernzirkel geht von drei allgemeinen Zielsetzungen aus:

1. Wahlfreiheit in Bezug auf das *Arbeitsangebot*1*. Das Lernangebot bleibt um ein Thema zentriert. Die Auswahl der zu bearbeitenden Stationen wird von den S. individuell getroffen.

2. Wahlfreiheit der *Sozialform*2*. Der Zirkel soll von Aufgabentypen geprägt sein, die unterschiedliche Sozialformen zulassen oder bedingen. Einzel-, Partner- und Gruppenarbeit sollten einander abwechseln.

3. Wahlfreiheit hinsichtlich der *Lernzeit*3*. Aufgrund der unterschiedlichen Lerntypen von S. soll die Dauer des Aufenthaltes an einer Station im Selbstbestimmungsbereich der S. liegen.

Die Gestaltung eines Lernzirkels hängt davon ab, ob es sich um einen Übungs-, Wiederholungs- oder Einführungszirkel handelt, und von den Kenntnissen, die die S. bezüglich Lernzirkelarbeit oder Freiarbeit mitbringen. In diesem Schuljahr wurde in der Klasse 9a kein Lernzirkel durchgeführt. Unter mehreren Lernzirkelvariationen wurde die Basisversion ausgewählt, die einen geringen Freiheitsgrad hat und einen Einstieg in diese Unterrichtsmethode ermöglichen soll. Da die S. den offenen Unterricht als Methode im Mathematikunterricht noch nicht erfahren haben, erfordert dies eine stetige Annäherung daran. Ebenso ist bei der Größe der Klasse und meinem geringen Kenntnisgrad derselben die Gefahr zu groß, dass die „Offenheit" in Orientierungslosigkeit umschlägt und mir der Unterrichtsprozeß aus den Händen gleitet.

Die S. sollen alle Stationen durchlaufen. Eine *Auswahl*1* besteht insofern, als dass jede Gruppe nur die für sie lösbare Aufgaben auswählt. Mir war es wichtig, dass die S. sich mit dem Sachverhalt der Stationen auseinandersetzen und im mindesten einen Ansatz präsentieren. Die Reihenfolge bleibt frei wählbar, da die Stationen in ihren Aufgabenstellungen unabhängig voneinander sind. Innerhalb der Stationen bauen die Aufgaben aufeinander auf. Diese sind an der Thematik Kreis und Kreisberechnungen sowie Leichtathletik und Stadion gebunden.

Die *Sozialform*2* der Gruppenarbeit ist äußerlich insofern vorgegeben, als dass eine Zuordnung als Gruppe zu einer Station erkennbar ist. Innerhalb der Gruppe kann auch Partner- oder Einzelarbeit erfolgen, wenn die anderen ermüdet sind oder nicht folgen können. Es ist allerdings erforderlich, dass ein Wiedereinstieg durch Erklärungen und Toleranz der anderen möglich ist. Da man davon ausgehen kann, dass die S. solche Entspannungsphasen von sich auswählen werden, will ich diese im Konzept mitberücksichtigen. Allerdings sollte dies nicht heißen, dass die ca. 15jährigen S. sich aus dem Blickwinkel des Lehrers entfernen können, um anderswo eine Zigarette rauchen zu können.

Eine *Zeitvorgabe*3* von 15-20 Min. pro Station soll den S. eine Orientierung und Zeiteinteilung ermöglichen.

In Anlehnung an Wallaschek wird ein Lernzirkel in vier Unterrichtsphasen eingeteilt: Den Einstieg, die Orientierung im Aufgabenspektrum, die Arbeit an den Stationen und den Abschluss. Der Einstieg in diesen Zirkel findet statt, indem die S. aufgefordert werden, sich im Stadion zu versammeln und dort nach Belieben einige Minuten ihre Bewegungsfreiheit auszukosten. Anschließend lernen die S. die Stationen kennen, indem diese kurz vorgelesen und erläutert werden und auf das Handlungsobjekt verwiesen wird. Maßbänder liegen bereit. Nach Bearbeitung aller

Stationen wird das Protokoll überprüft. Die Lösungen werden den S. durch Lösungsblätter zugänglich gemacht. Die Auseinandersetzung mit den Lösungen fordert von jedem S. Selbständigkeit. Dieser Weg wurde einem langweiligen (da sich die S. genügend mit den Inhalten auseinandersetzt haben) Vortrag vorgezogen. In einem Abstimmverfahren können die S. entscheiden, ob sie diesen Übungszirkel nochmals machen würden. Argumente für oder gegen können sie äußern.

<u>Der fächerverbindende Unterricht</u>

Mit der Neustrukturierung des Bildungsplanes 1994 ging auch eine Umgestaltung von Lehrplänen zu Jahrgangsplänen einher. Einer ganzheitlichen Bildung sollte der Weg durch Öffnung und gegenseitiger Durchlässigkeit der Inhalte einzelner Fächer geebnet werden. Mit der Aufnahme fächerverbindender und fächerübergreifender Themen in den Lehrplan sollte ein zusammenhängendes Denken und Weltverständnis in Gang gesetzt werden. Dies folgt auch der Erkenntnis, dass ganzheitlich zugänglich gemachte Informationen leichter erlernbar sind als Einzelinformationen (Vester, F.: Unsere Welt. Ein vernetztes System. 1985).
Eine interdisziplinäre Betrachtungsweise und Überschreitung der Fachgrenzen ist viel mehr als die Summe der einzelnen Fächer.

Zwei Modelle:

Fächerverbindend   *Fächerübergreifend*

Inhalte werden zusammenbearbeitet   Inhalte werden getrennt behandelt und anschließend verbunden

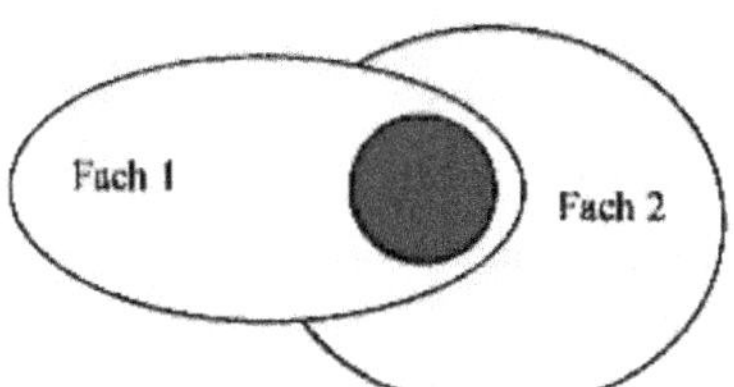

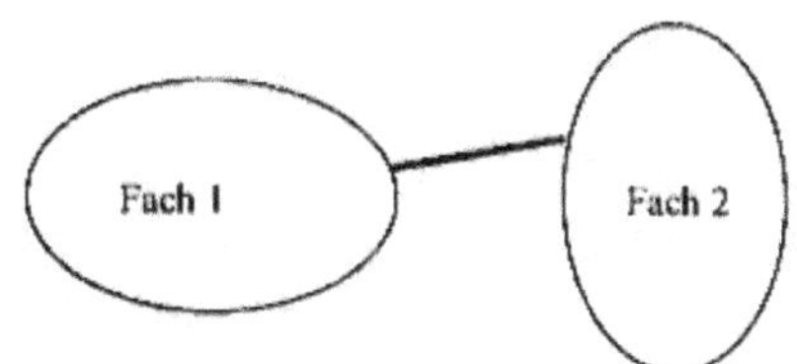

In diesem Unterrichtsentwurf wurde das Modell des fächerverbindenden Unterrichtes gewählt. Als Organisationsform wurde der Projektunterricht (Alternative dazu der abgestimmte Unterricht) gewählt. Das Oberthema Kreis (Unterthema Stadion und Leichtathletik) wird in einem kurzen Zeitraum durchgenommen. Neben der Aneinanderreihung von vier Stunden in einer Woche ist alternativ denkbar, den Lernzirkel auf eine Stunde pro Woche während der Erarbeitung des Kreisthemas auf mehrere Wochen zu teilen. Dies fordert dann eine Umstrukturierung (auch Ausweitung) des Übungslernzirkels auf einen Zonenlernübungszirkel und seiner Inhalte.

Darstellungen der Kreiszahl Pi

Numbers may come and numbers may go, but π goes on for ever.   Anon

3.

1415926535 8979323846 2643383279 5028841971 6939937510 5820974944 5923078164 0628620899 8628034825 3421170679
8214808651 3282306647 0938446095 5058223172 5359408128 4811174502 8410270193 8521105559 6446229489 5493038196
4428810975 6659334461 2847564823 3786783165 2712019091 4564856692 3460348610 4543266482 1339360726 0249141273
7245870066 0631558817 4881520920 9628292540 9171536436 7892590360 0113305305 4882046652 1384146951 9415116094
3305727036 5759591953 0921861173 8193261179 3105118548 0744623799 6274956735 1885752724 8912279381 8301194912
9833673362 4406566430 8602139494 6395224737 1907021798 6094370277 0539217176 2931767523 8467481846 7669405132
0005681271 4526356082 7785771342 7577896091 7363717872 1468440901 2249534301 4654958537 1050792279 6892589235
4201995611 2129021960 8640344181 5981362977 4771309960 5187072113 4999999837 2978049951 0597317328 1609631859
5024459455 3469083026 4252230825 3344685035 2619311881 7101000313 7838752886 5875332083 8142061717 7669147303
5982534904 2875546873 1159562863 8823537875 9375195778 1857780532 1712268066 1300192787 6611195909 2164201989
3809525720 1065485863 2788659361 5338182796 8230301952 0353018529 6899577362 2599413891 2497217752 8347913151

5574857242 4541506959 5082953311   6861727855 8890750983
8175463746 4939319255 0604009277   0167113900 9848824012
8583616035 6370766010 4710181942   9555961989 4676783744
9448255379
7747268471 0404753464 6208046684   2590694912 9331367702
8989152104 7521620569 6602405803   8150193511 2533824300
3558764024 7496473263 9141992726   0426992279 6782354781
6360093417 2164121992 4586315030   2861829745 5570674983
8505494588 5869269956 9092721079   7509302955 3211653449
8720275596 0236480665 4991198818   3479775356 6369807426
5425278625 5181841757 4672890977   7727938000 8164706001
6145249192 1732172147 7235014144   1973568548 1613611573
5255213347 5741849468 4385233239   0739414333 4547762416
8625189835 6948556209 9219222184   2725502542 5688767179
0494601653 4668049886 2723279178   6085784383 8279679766

8145410095 3883786360 9506800642 2512520511 7392984896 0841284886 2694560424 1965285022 2106611863 0674427862
2039194945 0471237137 8696095636 4371917287 4677646575 7396241389 0865832645 9958133904 7802759009 9465764078
9512694683 9835259570 9825822620 5224894077 2671947826 8482601476 9909026401 3639443745 5305068203 4962524517
4939965143 1429809190 6592509372 2169646151 5709858387 4105978859 5977297549 8930161753 9284681382 6868386894
2774155991 8559252459 5395943104 9972524680 8459872736 4469584865 3836736222 6260991246 0805124388 4390451244
1365497627 8079771569 1435997700 1296160894 4169486855 5848406353 4220722258 2848864815 84560285060168427394
5226746767 8895252138 5225499546 6672782398 6456596116 3548862305 77456498035593634568 1743241125 1507606947
9451096596 0940252288 7971089314 5669136867 2287489405 6010150330 8617928680 9208747609 1782493858 9009714909
6759852613 6554978189 3129784821 6829989487 2265880485 7564014270 4775551323 7964145152 3746234364 5428584447
9526586782 1051141354 7357395231 1342716610 2135969536 2314429524 8493718711 0145765403 5902799344 0374200731
0578539062 1983874478 0847848968 3321445713 8687519435 0643021845 3191048481 0053706146 8067491927 8191197939
9520614196 6342875444 0643745123 7181921799 9839101591 9561814675 1426912397 4894090718 6494231961 5679452080
9514655022 5231603881 9301420937 6213785595 6638937787 0830390697 9207734672 2182562599 6615014215 0306803844
7734549202 6054146659 2520149744 2850732518 6660021324 3408819071 0486331734 6496514539 0579626856 1005508106
6587969981

Diese Darstellung hat den Reiz, Zahlenzwillinge, Zahlendrillinge, sogar Mehrlinge, Ziffernfolgen oder Geburtsdaten zu suchen. Das Spielen mit Zahlen und Ziffern in diesem großen Zahlentopf vermag die eingeschränkte Sichtweise der Zahlen auf i.d.R. fünf Dezimale sprengen und einen persönlichen Bezug durch eine persönliche Entdeckung herstellen.

In diesem Zusammenhang sei die vom Gießener Mathematikmuseum organisierten Ausstellung[67]

erwähnt. Dort präsentierte Prof. Dr. A. Beutelspacher eine Darstellung der Zahl Pi in der 26-adischen Entwicklung. Das untere Foto von Pi ist ein Ausschnitt aus einer Fahne, auf der das Buchstaben-Pi zu lesen war. Darin konnte man Namen oder andere Wörter suchen.

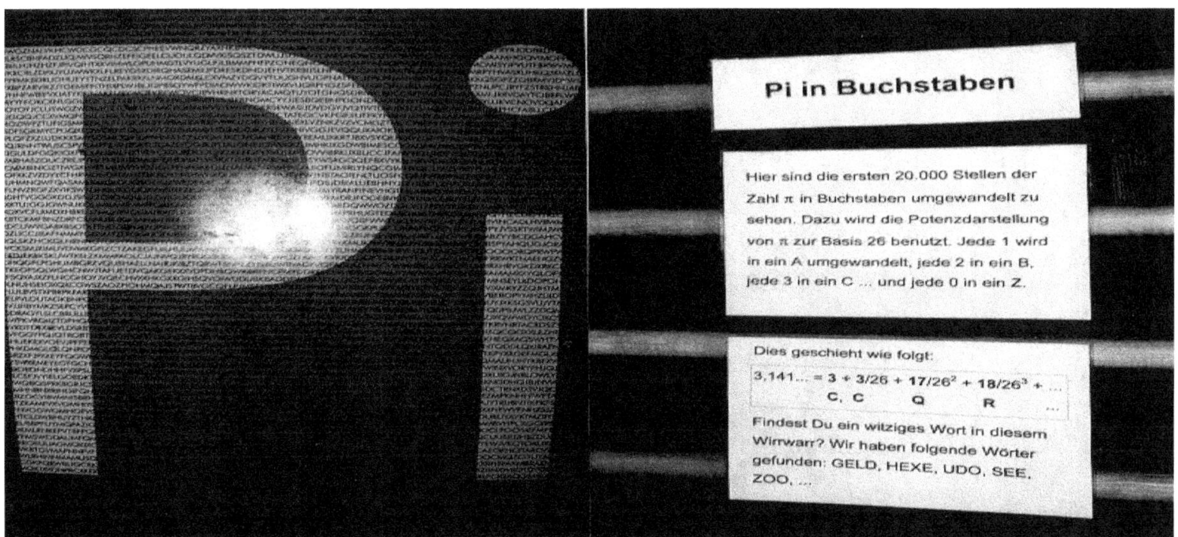

Diese Frage „Wo bin ich in π" beantwortet ein Spiel im Internet, das auf 50 Millionen Stellen basiert. Arndt geht sogar der kuriosen, aber interessanten Frage nach, ob die Bibel darin zu finden ist. „Irgendwo in π kommt vermutlich alles vor, insbesondere jeder Text der Welt..., sowie selbstverständlich die Bibel, ..."[68], sogar diese Zulassungsarbeit. *Wüsste* ich die Stelle, so wäre die Arbeit getan. Geht man z.B. von der 26-adischen Entwicklung von Pi aus, so müsste es für ein Wort von 10 Buchstaben 26^{10} möglichen Wörter geben (mit wiederholten Buchstaben), von denen aber einige keinen Sinn ergäben, wie z.B. aaaaaaaaaa. Arndt fährt in seiner Betrachtung mit der Feststellung fort, dass Kanadas Berechnung noch nicht einmal alle 20stelligen Zahlen enthält. Denn davon gibt es 10^{20}, also viel mehr als die $\sim 5 \times 10^{10}$ Zwanzigerblöcke, die in der Kanadischen Zahl auftreten. „Erst recht kommen darin nicht alle 21stelligen Zahlen vor, geschweige denn alle DNS-

---

[67] Die Ausstellung wird auch im Internet vorgestellt: http://www.math.de/ausstellung99/
[68] **Arndt**: Algorithmen, Computer, Arithmetic, S. 2

oder Bibel-langen. Damit es wahrscheinlich wird, dass die Bibel mit ihren geschätzten 10^7 Stellen in den ersten Stellen von π zu finden ist, müsste man rund 10^{10^7} Stellen besitzen, aber man hat nur etwas mehr als 10^{10^1}. Noch schlimmer: es ist gar nicht möglich, π auf so viele Stellen zu berechnen, und zwar aus prinzipiellen Gründen. Das Universum hat nämlich nur 10^{79} Elementarteilchen. Selbst wenn man den ganzen Weltraum in einen Supercomputer verwandeln würde, könnte er nur rund 10^{79} Stellen aufnehmen, und das sind sehr viel weniger als die erwähnten $10^{10^7}=10^{10000000}$ Stellen." Diese Betrachtung führt in die Kombinatorik und in die sehr hohen, unvorstellbaren Zahlen hinein. Da verblasst selbst ein Supercomputer von Weltraumformat gegenüber der existenten Zahl Pi.

Folgende Darstellung ist aus mehreren Gründen faszinierend:

1. Diese Darstellung der Ziffernfolge der Zahl Pi in einer kreisförmigen Anordnung stellt den Zusammenhang zum Kreis als geometrische Form her, und bringt sie in der Symbolik der Unendlichkeit den Schülern näher. Der Ziffernfolge korrespondiert die farbliche Codierung.

2. Die Aufwicklung vermittelt einen räumlichen Eindruck in das Blattinnere, gleich einem Zahlenbrunnen oder nach Aussage eines 10-jährigen einer Spirale oder Schneckenhaus.

3. Sie erlaubt, eine beliebige Stelle des Rades anzuhalten und die Unregelmäßigkeit der Ziffernfolge zu überprüfen. Sie ist deshalb gut als Ziffernrad mit eine „gleichwahrscheinlichen Verteilung" (wissenschaftlich noch nicht bewiesen) bei Einführung der Wahrscheinlichkeitslehre.

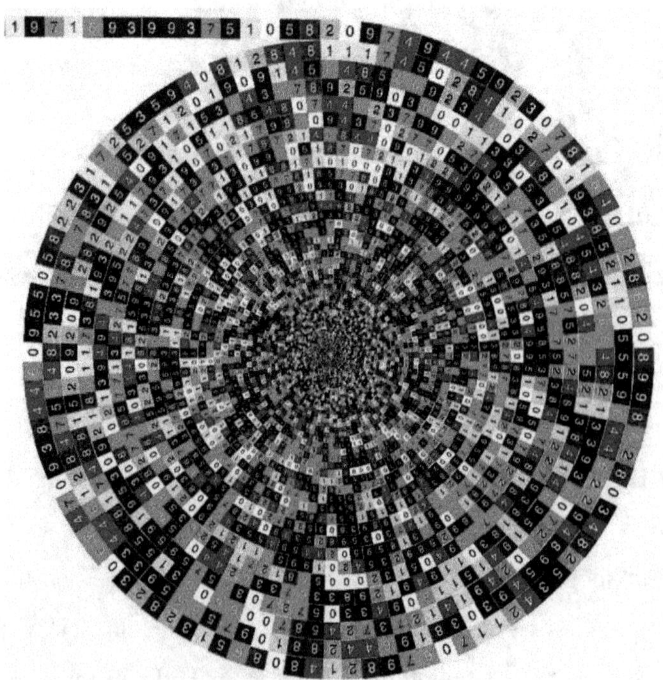

Spektrum der Wissenschaft 5 (1997), S. 11

Pi Cartoons

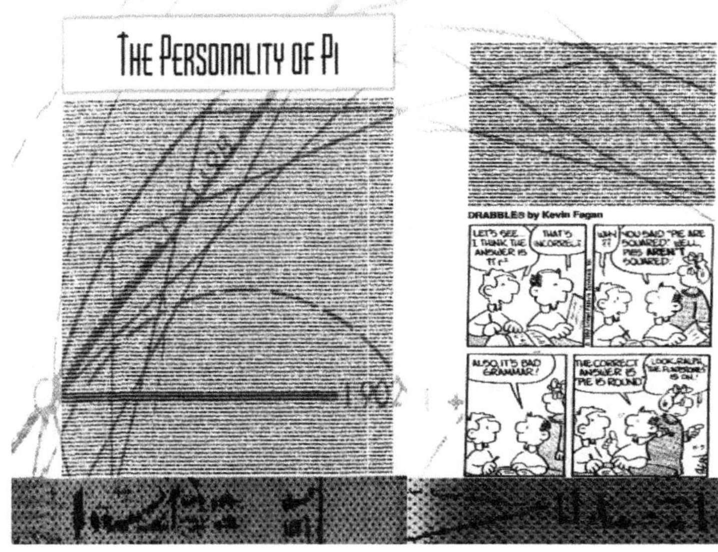

You can determine your hat size by measuring the circumference of your head, then divide by pi, and round off to the nearest one-eighth inch.

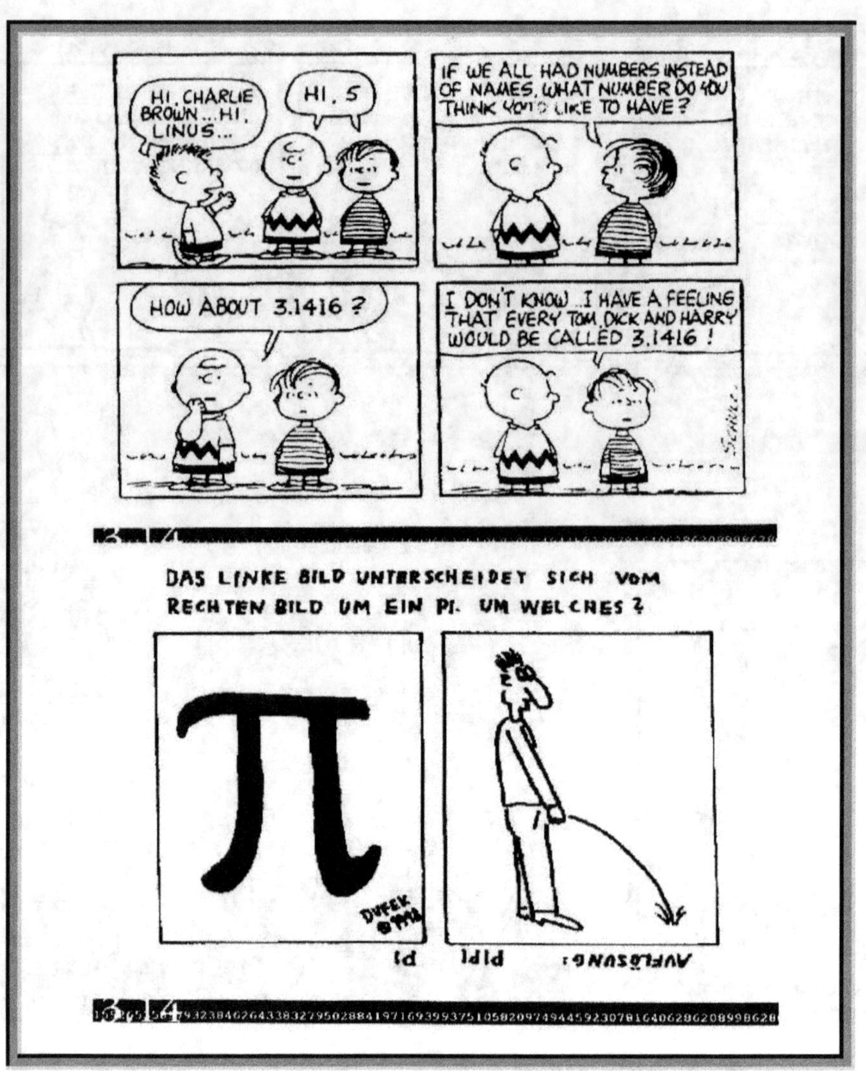

HI, CHARLIE BROWN... HI, LINUS...
HI, 5
IF WE ALL HAD NUMBERS INSTEAD OF NAMES, WHAT NUMBER DO YOU THINK YOU'D LIKE TO HAVE?
HOW ABOUT 3.1416 ?
I DON'T KNOW ...I HAVE A FEELING THAT EVERY TOM, DICK AND HARRY WOULD BE CALLED 3.1416 !
DAS LINKE BILD UNTERSCHEIDET SICH VOM RECHTEN BILD UM EIN PI. UM WELCHES?
AUFLÖSUNG: PIPI PI

NATÜRLICH DACHTE ICH ANFANGS AUCH, ER IST EIN ALTER MAN

DRABBLE By Kevin Fagan
LET'S SEE I THINK THE ANSWER IS πr²
THAT'S INCORRECT.
WHY ??
YOU SAID "PIE ARE SQUARED". WELL, PIES AREN'T SQUARED!
ALSO, IT'S BAD GRAMMAR!
THE CORRECT ANSWER IS "PIE IS ROUND"
LOOK, RA THE FLAVOR IS CH

Ein Thriller wie ein surrealistisches Zahlenspiel: die Story vom Verfolgungswahn eines genialen Mathematikers

E rinnern wir uns an den Mathe-Unterricht: Pi ist eine irrationale Zahl, sie kann nie exakt bestimmt werden.

Auch dieser Film ist irrational: Er schillert zwischen unendlich vielen Bedeutungen, ergibt aber keinen exakten Sinn. Und das ist unglaublich spannend.

Max Cohen ist besessen davon, die große Geheimzahl des Universums zu entdecken. Er rechnet an abenteuerlichen Apparaten, leidet an Paranoia und wird immer wieder von Halluzinationen heimgesucht. Eine Agentin der Militärindustrie umwirbt das Genie, ein neuer Superchip führt zum Absturz des Computers, aber vorher spuckt die Maschine noch eine 216stellige Zahl aus. Ist dies der Schlüssel zur Weltherrschaft? Max wird von allen gejagt und muss, fast unausweichlich, an seinem geheimen Wissen zerbrechen.

Der Film benutzt die sonst so trockene Mathematik als Grundlage für einen gefährlich aussehenden Thriller, erzeugt eine schwarzweiße Klaustrophobie, die an den frühen David Lynch erinnert.

Die Zahl Pi liegt bei 3,14 und bezeichnet das Verhältnis zwischen dem Durchmesser und dem Umfang eines Kreises.

Kurzinhalt

Es war im 16. Jahrhundert, als sich ein deutsch-niederländischer Mathematiker erfolgreich im Kreise drehte. Ludolph van Ceulen kam der Zahl Pi auf die Spur, berechnete sie auf 36 Stellen genau und konnte nun mit seiner unendlichen, nichtperiodischen Dezimalzahl etwas genauer das konstante Verhältnis des Kreisumfangs zu seinem Durchmesser bestimmen.

Andere Zeiten, andere Herausforderungen: Maximillian Cohen (Sean Gullette) sucht im Brooklyn von heute nach einer 216stelligen Zahl und will damit das ganze Universum erklären, denn er glaubt an die Mathematik als Sprache der Natur. Nach welchen Gesetzen bewegt sich der Rauch einer Zigarette? Auf welche Art und Weise verteilt sich weiße Sahne in schwarzem Kaffee? Scheinbar unsinnige Fragen, doch wenn eine solche Zahl zur Vorhersage von Aktienkursen verwendet werden könnte, dann gewinnt die Suche nach ihr auch für handfestere Interessen an Bedeutung. Eine aufdringliche Wall-Street-Analystin liegt Maximillian schon seit einiger Zeit in den Ohren. Und zu guter Letzt glaubt gar eine jüdische Gemeinde, mit Hilfe des nummerischen Geheimnisses Gott ein wenig näher zu kommen. Drei Türschlösser Schützen Maximillian und seine Ergebnisse noch vor der Außenwelt. Aber ist sein verriegeltes Labor sicher?

Kritik

Max (Sean Gulette) ist paranoid, gestört und ein Mathematikgenie: Wo andere nur Chaos sehen, entdeckt er eine höhere Ordnung. Von der Außenwelt abgeschlossen haust der von schrecklichen Migräneanfällen geplagte Zahlenfreak mit seinen Computern in einem winzigen New Yorker Appartement. Dort sucht er verbissen nach jener magischen Zahl, die Gott und die Welt erklären kann - und ruft damit Wall-Street-Hyänen und orthodoxe Juden auf den Plan, die mit seiner Hilfe die Kursentwicklung an der Börse und die Zahlenmystik der Kabbala entschlüsseln wollen. Das für nur 60 000 Dollar gedrehte Erstlingswerk des Amerikaners Darren Aronofsky ist ein in rhythmischen Schwarzweißbildern erzählter Alptraum, dessen schräge Ästhetik an die exzentrischen Kinowelten eines David Lynch ("Eraserhead") oder Terry Gilliam ("Brazil") erinnert. Das Ergebnis ist ein klaustrophobischer Thriller, der - vom Mainstream weit entfernt - weniger durch seine Dramaturgie als durch seine bizarre Visualität besticht und beim Sundance-Festival 1998 mit dem Preis für die beste Regie ausgezeichnet wurde.

"Pi" bewirbt sich selbst als mathematischer Thriller und ist die filmische Hetzjagd nach einer Zahl inmitten religiösem Wahnsinns, kapitalistischer Raffgier und insbesondere des Verfolgungswahns seiner Hauptfigur. Denn mit verstörender Bilderkraft und streckenweiser Splittermotivik hat ein amerikanischer Experimentalfilm eine neue Variante des verrückten Genies und seinen paranoiden Zuständen entworfen. Verzerrte, grobkörnige Schwarz-Weiß-Photographie, attackierende Schnittfrequenz und ein synthetischer Klangteppich aus hektischem Drum'n'Bass, psychedelischem Trance und atmosphärischen Geräuschen: In den Ohren des Mathematikers liegt ein ohrenbetäubendes Pfeifen, sein Hirn liegt buchstäblich offen. Nicht zuletzt durch die fast angsteinflößende Besessenheit seines Hauptdarstellers und der gelungenen Gratwanderung zwischen wissenschaftlicher Komplexität und Banalmathematik wird "Pi" zu einem verwirrend beeindruckenden Werk, das eine ebenfalls so banale wie komplexe Frage stellt. Kann man Ordnung ins Chaos bringen?

Willkommen beim Klub der Freunde der Zahl Pi!

Ziel und Aufgabe unserer Vereinigung ist die Hochhaltung und Förderung des Geistes der Zahl Pi.

Die Natur der Zahl Pi beschäftigt Philosophen und Wissenschaftler seit den Frühzeiten der Mathematik. Die bedeutendsten Eigenschaften von Pi sind die Irrationalität und die Transzendenz, die in den Jahren 1766 von Lambert bzw. 1882 von Lindemann nachgewiesen werden konnten. Im zwanzigsten Jahrhundert konzentrierte sich das Interesse auf eine tiefgründigere Frage: *Ist Pi normal?*

Im Wesentlichen geht es darum, ob Pi wahrhaft zufällig ist. Kommen alle Ziffern in Pi gleichhäufig vor, oder werden wir vielleicht irgendwann einmal auf eine Stelle stoßen, ab der zum Beispiel nur mehr 0er und 1er vorkommen?

Die Freunde der Zahl Pi überschreiten alle bisherigen Horizonte und werfen jenseits von Normalität, Transzendenz und Irrationalität eine neue Frage auf:

Ist Pi ästhetisch?

Die erotischste Verkündigung Pi's

Pi-Berechnungsrekord von Yasumasa Kanada:
68 719 470 000 Stellen!!!
Was bedeuten 68 719 470 000 Stellen von Pi?!

Das Vereinsblatt "pi vobiscum 3" ist seit 2. Sept. '98 hier erhältlich!

Lauschet den Stellen! *Schneller! Verkehrt!*
Lauschet dem Gesang: Schubert, "Du holdes Pi!"

3.14159265358979...

Pi-Cartoons!

⊙ **Die Anbetung der Zahl Pi** ⊙

⊙ **PI NEWS ROOM** ⊙
Neuigkeiten in Sachen Pi

⊙ **Plädoyer für den Klub der Freunde der Zahl Pi** ⊙
sowie weitere philosophische Betrachtungen

⊙ **Die Vielseitigkeit Pi's und seiner Freunde** ⊙
... Schöngeistiges, Geschichtliches ...

π-Aktionismus

Pi – Quiz

Dieses Quiz kann einerseits mit dem Internet (mit maximal drei weiteren Verzweigungen von der für alle gültigen Ausgangsseite und vorausgesetzt die Geräte und Anschlüsse sind gegeben) bearbeitet werden, oder man selektiert einige Fragen aus, schreibt andere hinzu, die mit den üblichen Schulbüchern beantwortbar sind. Das Quiz kann in Teamarbeit und wenn der Wunsch besteht im Wettstreit unter den Teams erledigt werden (nach meiner Vorstellung, da i.d.R. keine 30 Rechner in einem Computerraum zur Verfügung stehen). Man kann aber auch den S. lediglich diese Internet-adresse (neben anderen zur Suche) empfehlen. Den Eifer der S., z.B. im Club der Freunde der Zahl Pi oder in Lexika zu "recherchieren", sollte man nicht unterschätzen.

Die Idee des 'Pi Trivia Games' hatte eine Mathematikerin namens Eve Anderson.[69] Es soll uns "ultimativ die Chance geben, einen Tribut an jene herrliche transzendente Zahl zu zollen, die wir alle so lieben gelernt haben" (aus der Einleitung zu diesem Quiz). Das Quiz besteht aus 25 Fragen und es ist erwünscht, andere Fragen hinzuzufügen. Die Fragen werden zuerst alle abgefragt und 'eingesendet'. Danach bekommt man eine Auswertung mit weiteren interessanten Informationen. Der Nachteil (oder Vorteil) ist, dass die Fragen in Englisch geschrieben sind. Hier wurden einige übersetzt und andere in Englisch gelassen, um selbst prüfen zu können, ob interdisziplinär gearbeitet werden könnte. Die fett markierte Antwort ist die richtige.

---

[69] http://www.cid.com/~eveander/trivia

2. Say you have a rope wrapped tightly around the earth at the equator. How much longer would you have to make the rope if you wanted the rope to be exactly 1 foot above the surface the whole way around? (assume that the earth has a constant radius at the equator)

    a) 2π feet   b) $2\pi R$ feet, where R is the radius of the earth   c) πR^2 feet

    d) $\pi + D$ feet, where D is the diameter of the earth   e) $\pi/2$ feet

4. What professor was dismissed from his position in 1934 for teaching in an "un-German" style after saying (correctly) that pi/2 is the value of x between 1 and 2 for which cos x vanishes?

    a) J. Robert Oppenheimer   b) Kip Thorne   c) Scott Adams

    d) Elias Bröms   **e) Edmund Landau**

6. What 1768 proof about pi is the German mathematician Johann Lambert famous for?

a) Pi > e   b) No pattern exists in pi's digits.   **c) Pi is irrational.**

d) The area of a circle is equal to pi times the square of its radius.   e) It's fun to recite digits of pi

8. The new world record for computation of the most digits of pi was achieved in September/October 1995 by Yasumasa Kanada at the University of Tokyo. It took 116 hours for how many digits to be computed?

    a) 72,373,112,000 b) 903,728,000   c) 31,415,926,535 **d) 6,442,450,000** e) 1,000,000,000

9. Eine der bekanntesten Reihendarstellungen von Pi ist die Gregory-Leibniz Formel. Wie lautet sie?

a) $\pi = 1+1/2+1/3+1/4+...$ b) $\pi = \arctan 1 + \arctan 1/3 + \arctan 1/5 +...$ **c) $\pi/4 = 1 - 1/3 + 1/5 - 1/7+...$**

d) $\pi/6 = 1 - 2/3 + 1/5 - 2/7 +...$ e) $\pi = 3 + .1 + .04 + .001 + .0005 +...$

10. One way to calculate the value of pi is to find the perimeter of polygons inscribing and circumscribing a circle. The circumference of the circle lies in between those two values, and the values approach pi as the number of sides of the polygon approaches infinity. Who originated this method of pi approximation?

a) Archimedes of Syracuse   b) Plato   c) Pythagoras   d) Socrates   e) Murray Gell-Mann

11. Betrachten Sie die folgende Folge von natürlichen Zahlen, die aus immer längeren Anfangsstücken von Pi bestehen:3, 31, 314, 31415, 314159, 3141592,.. Wie viele der ersten 1000 Zahlen dieser Folge sind Primzahlen?

a) 48   b) 34   **c) 4**   d) 21   e) 58

12. There was a time (a while ago) when people were trying very hard to 'square the circle.' It was said at the time that it was even an illness and a name was given to it. What is it?

a) Squarerootofpitis   b) Impossibilus Fittis   **c) Morbus Cyclometricus**

d) WileECoyotisandRoadRunneritis   e) Repetitionatis Decimalus

13. 1949 wurde der erste Computer zur Berechnung von Pi eingesetzt. Wie viele Stellen von Pi konnte ENIAC *(Electreonic Numerical Integrator and Computer)* in 70 Stunden berechnen?

a) 10493   b) 576   **c) 2037**   d) 8331   e) 297454

14. In 1897 a state House of Representatives unanimously passed a bill setting pi equal to $16/(\sqrt 3)$, which approximately equals 9.2376. In which state of the United States did this occur?

a) California   **b) Indiana**   c) Massachusetts   d) Florida   e) Canada

15. Welche der folgenden Ausdrücke entsprechen **nicht** Pi?

a) $4\int_{0}^{1} \sqrt{1-x^2}\,dx$ b) 4arctan(1)   c) das Verhältnis des Umfanges zum Durchmesser

d) 3/4 des Radianten eines 270° Winkels   e) 2-mal dem Radianten eines rechten Winkels

16. Who, in 1706, first gave the Greek letter "pi" its current mathematical definition?

a) Albert Einstein   b) Olle the Greatest   **c) William Jones**   d) Archimedes   e) Max Planck

---

[70] Bis nach dem Ersten Weltkrieg galt diese Bezeichnung offiziell in Deutschland

17. An welcher Nachkommastelle von Pi kommt die Ziffernfolge 999999 zum ersten Mal vor?

    a) 762   b) 32   c) 47528d) 314   e) 9999

18. It has been proven impossible to "square the circle." What does it mean to square the circle?

a)   multiply a circle by itself   b) draw a circle with area equal to pi * (r

    squared)

c) use a straightedge and compass to construct a square equal in area to a given circle

d) construct a square that perfectly circumscribes a circle   e) determine the value of pi squared

19. Welche schnellkonvergierende Reihendarstellung wurde von Machin entdeckt?

    a) $\pi/4 = 1 - 1/3 - 1/5 + 1/7 - ...$ **b) $\pi/4 = 4\arctan(1/5) - \arctan(1/239)$**   c) $e^{i\pi} = -1$

    d) $\pi = 3$ e) $\pi = 4\arctan(1)$

20. How does one convert pi in base 10 to base 2?

a) Keep only the '0' and the '1' in the decimal expansion.

b) It is impossible because pi > 2.

c) Replace each digit of pi in base 10 with a 0 if it is divisible by 2 and with and 1 if it is not.

d) Successively multiply pi by 2 and put a '1' when it is greater than 1 and a '0' when it is smaller than

1. Repeat this step after having kept only the fractional part of the result.

e) Divide pi in base 10 by 5.

21. Welche der folgenden Dualzahlen entspricht der Zahl Pi am meisten?

    a) 11,0010010000111111   b) 101,110101000111100   c) 10,0001101010110100

    d) 1,10111011010010011   e) 111,010111101011111

22. Pi is transcendental. What does it mean for a number to be transcendental?

a)   It is equal to the ratio of two integers

b)   It cannot be expressed as the solution of any polynomical with integer coeefficients.

c)   It is Ralphs Waldo Emerson's favorite number

d)   Ist square root is equal to -1

e)   Ist decimal expansion is infinite in length

23. Welche Formel gibt das Kugelvolumens wieder? (3-dimensional und nicht hyper-dimensional)

    a) $6(\pi r^3)$ **b) $(4/3)\,\pi r^3$**   c) $(2/3\pi r)^3$ d) $2\pi r$ e) $4\pi r^2$

24. What is the formel definition of pi?

a)   the ratio of a circle's circumference to ist diameter

b)   3,14159

c)   the radius of a unit circle

d)   the surface area of a sphere of diameter 22/7

e)   a delicious dessert, especially if it contains cherries

---

25. Pi ist in der Statistik, einem Mathematikzweig, allgegenwärtig. Welche der folgend aufgeführten Kurven

haben bei 1/sqrt(2π) ein Maximum?

a) eine Sinuskurve   b) die Gaußsche Glockekurve der Normalverteilung

c) die Treppenfunktion y=int(x), für x=-17 und x=0   d) die Sarstedt Kurve

e) Eulers Kurve der Populationsdichte

Gedichte und Memorabilia

Infinite Number Poems

<table>
<tr><td valign="top">

Math Rap

If I gave you a 3

and a 1,4,1,5

You'd have the start

Of the greatest number alive

If Pi were reduced

To a mere 3

The circles of the world

Would be hexagonal, you see

So what may seem minor

Just might be big

So grab some pie

And do some trig!

So, many a person will surely try

There are many who have dared

But no one will find a pattern in pi

A bottomless pit, unconquered and dry

An unexplainable tear

A satisfactory conclusion is a sigh

Since no one will find the (do you see it?) the pattern in

pi...

</td><td valign="top">

Slices of Pi

No one will find a pattern in pi

This number has come out of nowhere

All one can do is close a book and sigh

You should be able to tell with your eye

A rhythm here isn't fair

No one will find a pattern in pi

It does seem logical that a pattern does lie

In a number so vast and rare

But many things have a way of making one sigh

This number can make a simple brain fry

Though there are those who don't care

And don't give it a thought or a sigh!

A Pi Lymeric

There once was a number Pi

Very special like e and phi

Circumference to do

Is the ratio for me

And it's not a multiple of *i*

</td></tr>
</table>

Pi is transcendental.

The endless number cannot be expressed by any algebraic equation.

No pattern has been found in its digits,

Yet it cannot be proven in a finite amount of time that no pattern exists in an infinite number of digits.

Pi goes beyond our reality.

The nonexistence of humans would not preclude the existence of pi.

For the circle will always exist

In the shape and orbit of a planet,

In the path of a wave.

And where there is a circle, there is pi

Intrinsically embedded in it.

Pi is mysterious;

It evades all attempts of capture.

It is a line of digits like an endless snake that you can keep pulling at without ever reaching its tail.

Pi is perfect;

Each seemingly random digit is exactly where it belongs.

Whether a circle is as big as the universe,

Or as small as a quark,

Its diameter fits around its boundary exactly pi times.

Because pi is found in waves, every color, every sound is an expression of pi.

Because pi is found in circles, the moon, the sun, every planet, and every star is an expression of pi.

Because pi is found in each atom, pi is present in all physical sensation.

Pi is absolute beauty. [71]

3,1415926535897932384626433832779... GePichte

Die Grenze des Menschen ist das Eingangstor von Pi.

Der Türöffner

3.14

Pi öffnet Dir die Tür.

15926

Den Kreis betritt die Hex'.

5und3

Zehn Ziffern sind dabei.

Maß der Ewigkeit

Was wirgestern froh gesungen,

Ist doch heute schon verklungen.

---

[71] Aus der Internetseite des ‚Clubs der Freunde der Zahl Pi'

Und beim letzten Klange schreit
Alle Welt nach Neuigkeit.
Wie im Turm der Uhr Gewichte
Ziehet fort die Weltgeschichte,
Und der Zeiger schweigend kreist;
Keiner rät, wohin er weist.
Doch die ZAHL hat nichts vergessen,
Was geschehen, wird sie messen
Nach dem Maß der Ewigkeit -
Seht, wie klein ist doch die Zeit!

[nach J. v.Eichendorff]

Trost

O Trost der Welt, Du stille Nacht!
Das Pi hat mich so müd' gemacht,
das weite Meer schon dunkelt.
Laß ausruhn mich von Müh und Not,
bis daß das goldene Morgenrot
den stillen Kreis durchfunkelt.

[nach J. v.Eichendorff]

**Große Gedanken und ein reines Herz -
das ist es, was wir von Pi erhalten sollen.**

[nach J. W. v.Goethe][72]

---

[72] http://www.pirabel.de

Merkverse dienten früher als Merkhilfe für die ersten Nachkommastellen von Pi. Die Anzahl der Buchstaben eines jeden Wortes gibt die entsprechende Ziffer in der entsprechenden Dezimalstelle wieder. Solche Verse haben heute keine praktische Bedeutung mehr und dennoch sind sie reizvolle Beiträge bei der Behandlung der Kreiszahl. Die im Internet mehrfach entstandenen Pi-Clubs verlangen zur Aufnahme, die auswendige Wiedergabe einer Mindestanzahl der Nachkommastellen von Pi, die i.d.R. >100 ist. Da kann auch keine Mnemonia helfen.

Wie(3), o(1) dies(4) π(1)	Dir. O Held, o alter Philosoph, du Riesen-Genie!
Macht(5) ernstlich(9) so(2) viel(4) Müh'(3)!	Wie viele Tausende bewundern Geister,
Lernt immerhin, Jüngling, leichte Verslein,	Himmlisch wie du und göttlich!
Wie so zum Beispiel dies dürfte zu merken sein!	Noch einer in Aeonen wird das uns strahlen,
	Wie im lichten Morgenrot! (*Rilke*)

Das Gedicht von Reiner Maria Rilke klingt heute wie aus einer uns entfernten Sprache. Englisch klingt dagegen das längste Merkgedicht. Michael Keith hat die Ballade von Edgar Ellen Poe *The Raven* so modifiziert, daß sie nicht weniger als 740 Stellen von Pi liefert. Keith hat versucht, vom Original möglichst viel an Handlung, Ton und Rhythmus zu erhalten. Die erste Strophe ergibt 40 Stellen. Insgesamt sind es 18 Strophen für weitere 740 Stellen.[73]

Poe, E.	3,1
Near A Raven	415
Midnights so dreary, tired and weary.	926535
Silently pondering volumes extolling all by-now obsolete lore.	897932384
During my rather long nap – the weirdest tap!	62643383
An ominous vibrating sound disturbing my chamber's antedoor.	27950288
„This", I whispered quietly, „I ignore".	419716

Arndt macht in diesem Zusammenhang darauf aufmerksam, dass die Pi-Texte ihren ersten kritischen Punkt an der 32 Nachkommastelle haben, da dort zuerst die 0 vorkommt. Keith löst das Problem, indem er für die Null ein Wort mit 10 Buchstaben verwendet (Bsp. Disturbing). Weiterhin gilt noch die Regel, dass die aufeinanderfolgenden Ziffern wie 1 und 2 durch ein Wort mit 12 Buchstaben repräsentiert.

Zwei weitere populäre Mnemonia sind:

'How I want a drink, alcoholic of course, after the heavy lectures involving quantum mechanics.'

'May I have a large container of coffee?'

Zugabe:	$\dfrac{dividing\ top\ lot\ through\,(a\ nichtmare)}{by\ number\ below,\ you\ approach\,\pi} = \dfrac{833719}{265381} = 3{,}145192653$
	$\dfrac{calculator\ will\ get\ fair\ accuracy}{but\ not\ to\ \pi\ exact} = \dfrac{104348}{33215} = 3{,}141592653$ [74]

---

[73] Das gesamte Gedicht ist bei **Berggren**: Pi. A Source Book auf Seite 659 abgedruckt
[74] Die zitierten und weiteren Merkverse findet man bei **Mäder**: Mathematik hat Geschichte, S.44f

Der π-Saal in Paris

Das obige Bild zeigt den π - Saal im Museum *Palais de la Decouverte* in Paris (Avenue Franklin Roosevelt, keine Nummer, es ist das einzige Gebäude in der Straße, nahe dem Louvre, nicht zu verwechseln mit *Palais des Sciences = La Vilette*). Dieses Museum ist dem des Deutschen Museum in München vergleichbar und den in Deutschland im Aufbau befindlichen Science-Centers, derart eines das Technorama in Winterthur ist. Im kreisrunden Saal <u>31</u> kann man (hauptsächlich französische) Fakten über Pi kennenlernen und zu den Köpfen der Besucher, rundum in drei Spiralumdrehungen (ansatzweise im Bild erkennbar), die ersten 707 Stellen von Pi bewundern.[75]

Diese 707 Stellen wurden 1874 von William Shanks berechnet. Unglücklicherweise sind sie ab der 527 Stelle fehlerhaft. Durch Fergusons erneuter Berechnung von Pi entdeckte man, dass die Stellen ab der 527-ten falsch sind. So prangte zur Großen Weltausstellung 1937, als das Museum eröffnet wurde, ausgerechnet im π - Saal ein falsches Pi. Obwohl dieses schon längst korrigiert wurde, geht

---

[75] Informationen und Bild entnommen aus: **Huylebrouck**: The π-Room in Paris, The Mathematical Intelligencer, Band 18, Nr.2, 1996, S.51-53

noch immer das Gerücht um, dass sich in der Darstellung ein Fehler verberge. Ist es nicht aufregend, die Fehler und Irrtümer anderer aufzudecken?

Puzzle Pi

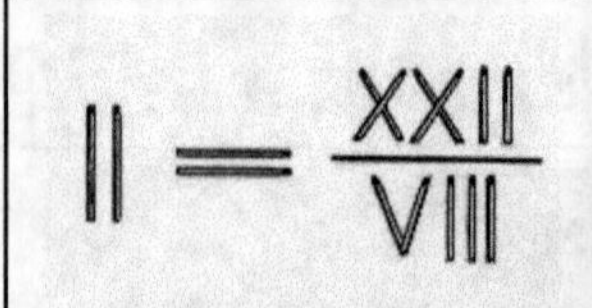

Roman Π: Lege ein Streichholz um. Dann erhält man eine richtige?! Gleichung.

Denke an 22/7.

Manila Π: Finde den fehlenden Ausdruck in der Zeichenfolge P, PA, PAK, PE, ---, PL, PY

Griechisch Π: Wann entspricht Pi 80 (Pi = 80?), und 'Pi gleich 80000'?

Denke an ehhh...

eCCeNTRIC Π: Wo liegt das Außergewöhnliche an $\sqrt[6]{\pi^4 + \pi^5}$

Telegrafisch Π: Finde den Fehler in folgenden Satz, entnommen aus dem Daily Telegraph vom 2 Januar 1991. "Die Brüder David und Gregory Chudnowsky bekommen einen Platz im Guiness-Buch der Rekorde, da sie Pi, das Verhältnis von Durchmesser und Radius eines Kreises, auf mehr als 1 Milliarde Dezimalstellen berechnet haben."

Zwei-Ziffer Π: Wie stehen 11,0010010000111111101101 und Pi zueinander?

Olympia Π: Zeige, dass es genau drei Ziffern a, b, c gibt, so dass gilt:

$$\frac{\pi}{4} = \arctan\frac{1}{a} + \arctan\frac{1}{b} + \arctan\frac{1}{c}$$

Zwei, fünf, siebt, nun erst versiebt. Zwei, fünf, acht, nun ist's bewach.t.

GCSE Π: Wann ist Pi gleich mit 29?

Anagrammatik Π: Versuche folgenden Clue (Times Crossword, Nr.17926 vom 10 März 1988): 'Enable Pi to be used as a common denominator (8).'

Zirkular Π: Schreibe die Buchstaben des arabischen Alphabets uhrenförmig um einen Kreis. Entferne jene Buchstaben mit vertikaler Symmetrie wie A, H, ..., Y. Finde heraus, wie die sich bildenden Gruppen der verbleibenden Buchstaben in Beziehung zu Pi stehen.

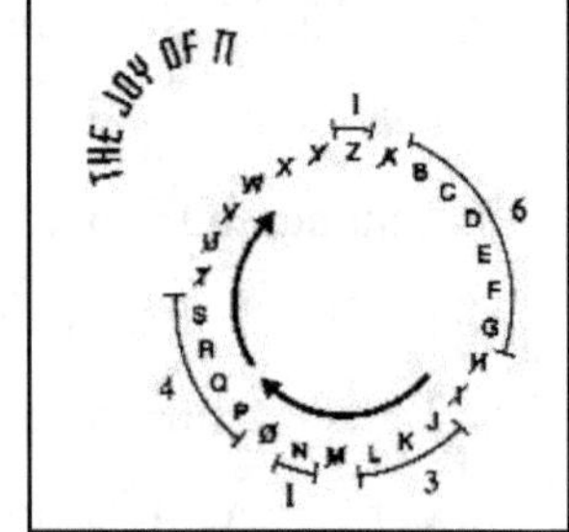

Leicht wie Π: Vater schaut seinem Sohn im Laufgitter zu, wie er fein säuberlich Blöcke in Reihe bildete CADAEIBF. Etwas in der Reihenfolge der Buchstaben erstaunte ihn. War Junior ein geborener Mathematiker oder war es reiner Zufall? Als Junior den neunten Block anlegte, stockte dem Vater der Artem. Die Reihenfolge war richtig. Wie lautete der neunte Block und wie das entstehende Wort?

Betrachte man die Folge von Halbkreisen

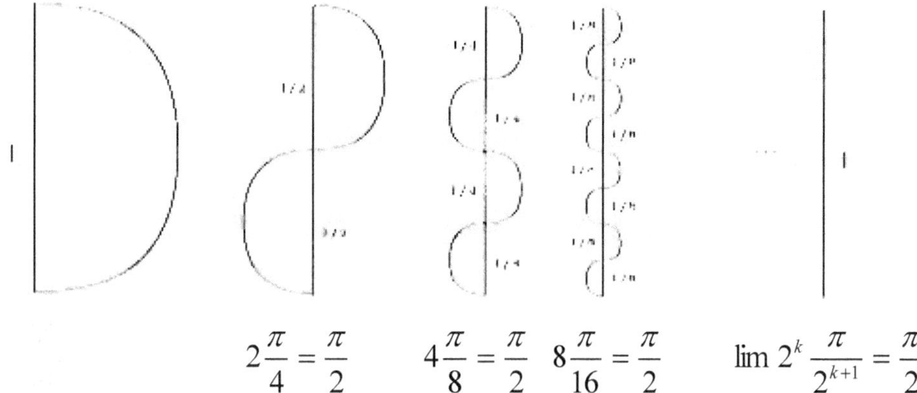

$$2\frac{\pi}{4}=\frac{\pi}{2} \qquad 4\frac{\pi}{8}=\frac{\pi}{2} \qquad 8\frac{\pi}{16}=\frac{\pi}{2} \qquad \lim 2^{k}\frac{\pi}{2^{k+1}}=\frac{\pi}{2}$$

Der linke Halbkreis mit dem Durchmesser 1 hat die Länge $\pi/2$. Die beiden danebenstehenden Halbkreise sind halb so lang, aber haben auch zusammen die Länge $\pi/2$. Auch die 4 mittleren und die 8 vorletzten Halbkreise sind zusammen $\pi/2$ lang. Bei Fortsetzung ins Unendliche wird aus der Wellenlinie eine Gerade; sie hat die Gesamtlänge $\pi/2$, und ist gleich dem gemeinsamen

Durchmesser 1. Also gilt: $\quad \dfrac{\pi}{2}=1 \Rightarrow \pi=2$. Q.e.d.[76]

Gardner betont, dass uns hier das Symbol Ying-Yang glaubhaft machen will, dass $\pi=2$. Dieser Beweis erzeugt im ersten Moment einen kognitiven Widerspruch. Es scheint alles richtig zu sein. Die Wellenlinie wird aber bei noch so kleinen Kreisen nicht der Linie entsprechen. Auch für unendlich kleinen Radien ist jeder Teil der Wellenlinie größer als sein gerades Teilstück.

Die Zahl Pi wirkt auch auf Literaten und Esoteriker verführerisch, dafür aber ganz unmathematisch.

Literatur.

Möglicherweise wurde Carl Sagan in seiner Novelle *Contact* von den jüngsten Pi-Rekorden angeregt (Verfilmung, s. Pi-Film), darüber zu spekuliert, ob ein von Gott in den Ziffern von Pi verborgenes Muster oder eine versteckte Botschaft stecke. In der Geschichte macht ein Supercomputer nach unzähligen Stunden des Rechnens eine Entdeckung: Die Ziffernfolge von Pi, sehr weit vom Anfang entfernt, im Binärsystem interpretiert und als rechteckiges Bild dargestellt, lässt eine sehr bekannte Figur erkennen - einen Kreis.[77] Sehr überzeugend wirkt es nicht. Es ist der zirkuläre Weg vom Kreis über viele, beschwerliche Schritte wieder zum Kreis hin.

---

[76] **Gardner**, Martin: Wheels, Life and other Mathematical Amusements
[77] **Peitgen**: Bausteine des Chaos, S.194

Umberto Eco behandelt in seinem lesenswerten Buch *Das Foucaultsche Pendel* eine Philosophie der Zahlen zu sprechen: "Ich glaube fest daran, dass das Universum ein wunderbares Konzept von Zahlenkorrespondenzen ist und dass die Lektüre der Zahl und ihre symbolische Deutung ein privilegierter Weg zur Erkenntnis sind." Als ein Beleg dafür soll die Feststellung gelten, dass bei der ägyptischen Cheops-Pyramide der Quotient aus dem Umfang der Grundfläche (Quadratseite beträgt 233 m) und der doppelten Pyramidenhöhe (Höhe 146 m) annähernd mit Pi übereinstimmt. Eco gibt diesen Quotienten mit 3,14297 an. Hatten die Ägypter überhaupt einen so genauen Wert für Pi? Und warum sollten die Ägypter, Pi in einer rechteckigen Struktur codieren wollen? Diese Angaben sind vielmehr Konstruktionen von esoterisch angehauchten Menschen und von daher widerspruchsfrei. Man glaubt sie oder man glaubt sie nicht.

Eco geht selber auf Distanz und schreibt dazu: "Sehen Sie jenen Kiosk (der staatlichen Lotterie) dort? Die Breite des Bodens beträgt 149 cm, also ein Hundertmilliardstel der Entfernung der Erde von der Sonne. Die Höhe der Rückwand geteilt durch die Breite des Fensters ergibt 176:56 = 3,14 = π. Die vordere Höhe beträgt 19 dm, soviel wie die Zahl der Jahre des griechischen Mondzyklus. Die Summen der Höhen der beiden vorderen und der beiden hinteren Kanten macht $190\times2 + 176\times2 = 732$, das Datum der Schlacht von Poitiers. Die Dicke des Bodens beträgt 3,10 cm und die Breite des Fensterrahmens 8,8 cm.: Ersetzt man die Zahlen vor dem Komma durch die entsprechenden Buchstaben des Alphabets. so erhält man $C_{10}H_8$, die Formel des Naphthalins."

Wenn $\pi = 3$ *wäre*

dann würde man diesen Satz so gar nicht schreiben, meint Douglas R. Hofstadter in seinem "Metamagicum', sondern *ist* gleich 3. Andererseits wären alle Kreise nur Sechsecke, denn nur solche Gebilde haben das Umfang-Durchmesser-Verhältnis 3. Dann müsste man mit dem Mund ein Sechseck formen können oder anders gesagt 'Mathematisch küssen lernen'.[78]

Neues Virus entdeckt:

Das **Virus abstrusum pi** ist nicht nur ein literarisches Hirngespinst, sondern konnte unlängst von der Wissenschaft bestätigt werden. Forscher der Pittsburgh-University berichten von der Entdeckung eines neuen Virus vom Typ 'Virus abstrusum'. Laborratten, an denen Versuche mit dem neuen Virus durchgeführt wurden, liefen bis zur Erschöpfung im Kreis. Bei der Entschlüsselung der DNS des neuen Virus stießen die Wissenschaftler überraschenderweise auf einen auf Zahlenbasis 4 codierten Teilabschnitt der Zahlenfolge Pi woraufhin der Mikroorganismus mit dem Namen 'Virus abstrusum pi' versehen wurde.

Das neue Virus konnte übrigens erstmals in den Blutproben eines Mathematikprofessors der Universität Pittsburgh isoliert werden.[79]

Lingua Cosmica

---

[78] **Arndt**: Pi. Algorithmen, Computer, Arithmetic, S.8
[79] Quelle: Internet

Damit wird ernsthaft versucht, mit Außerirdischen Kontakt aufzunehmen. Mit Hilfe einer Sprache LinCos werden Signale ins Weltall gesendet. Die Sprache setzt sich aus zwei Grundzeichen 24 andere Zeichen zusammen. In 'didaktisch' wohlüberlegten, aufeinander abgestimmten Lektionen sollen die Außerirdischen durch logische Schlussfolgerungen begreifen, was das menschliche Hirn ihnen vermitteln will. In der 92 Lektion sollen sie etwas ganz Wesentliches erfahren: $4/3 \times \pi \times 0{,}0092^3$. Darin verbirgt sich das Kugelvolumen mit dem Radius 0,0092, der das Verhältnis von Erd- zu Sonnenradius angibt. Die Sendung kommt aus Richtung der Sonne, was heißen soll: "Wir leben auf der Erde".[80] Das sind moderne Verkehrszeichen.

Ähnliche Inhalte behandelt das Buch von Alfred Strauss 'Die Weltzahl Pi' (Aufl.1, 1931). Darin werden Themen wie 'Zahlencabbala der Cheopspyramide', 'Ägyptische-kosmische Mathematik', Was lehren die Perioden der Primzahlen?', Die magische Mathematik aller wahren alchemistischen Praxis' in ausführlicher Weise behandelt.

12. SCHLUSSWORT

Der Umfang dieser Arbeit zeigt, welch Inhalt an einem kleinen Buchstaben wie π hängen kann. Nicht jedem Buchstaben wird diese Ehre zuteil, nur den auserwählten. Es muss etwas an der Aussage dran sein, die ich im Zusammenhang mit Pi im Internet gelesen habe, wonach diese Zahl abhängig machen könne. Es bleibt mir zu hoffen, dass mich das Virus abstrusum Pi nicht einfängt. Ihre sachliche Bearbeitung hat mir genügt und zufrieden gemacht.

Die Beschäftigung mit diesem Thema ist mit Abschluss dieser Arbeit, die viele Mühe gekostet hat, nicht beendet. Sie wird weitergehen. Als nächstes wird eine Biographie von Ramanujan in die Hand genommen. Verbleibt noch Zeit, dann schaue ich auch bei den elliptischen Integralen vorbei.

Ralf Wuchner

---

[80] Schlosser, W.: Kontaktaufnahme mit außerirdischen Zivilisationen. Zeitschrift 'Naturwissenschaft und Medizin', 6 (1996) Nr. 29

Archimedes ca. 250 v.Chr.

Sei $a_0 := 2\sqrt{3}$, $b_0 := 3$ und $a_{n+1} := \dfrac{2a_n b_n}{a_n + b_n}$, $b_{n+1} := \sqrt{a_{n+1} b_n}$

Dann konvergiert a und b linear gegen Pi.

Francois Vieta ca. 1579

$$\frac{2}{\pi} = \sqrt{\frac{1}{2}} \cdot \sqrt{\frac{1}{2} + \frac{1}{2}\sqrt{\frac{1}{2}}} \cdot \sqrt{\frac{1}{2} + \frac{1}{2}\sqrt{\frac{1}{2} + \frac{1}{2}\sqrt{\frac{1}{2}}}} \cdots$$

John Wallis ca. 1655

$$\frac{\pi}{4} = \frac{2}{1} \cdot \frac{2}{3} \cdot \frac{4}{3} \cdot \frac{4}{5} \cdot \frac{6}{5} \cdot \frac{6}{7} \cdots$$

Madhava, James **Gregory**, Gottfried Wilhelm **Leibniz** 1450-1671

$$\arctan(1) = \frac{\pi}{4} = 1 - \frac{1}{3} + \frac{1}{5} - \frac{1}{7} + \ldots = \sum_{n=0}^{\infty} (-1)^n \frac{1}{2n+1}$$

William Brouncker ca. 1658

$$\frac{\pi}{4} = \cfrac{1}{1 + \cfrac{1^2}{2 + \cfrac{3^2}{2 + \cfrac{5^2}{2 + \cfrac{7^2}{\ldots}}}}}$$

Isaac Newton ca. 1666

$$\pi = \frac{3\sqrt{3}}{4} + 24\left(\frac{1}{12} - \frac{1}{5 \cdot 2^5} - \frac{1}{28 \cdot 2^7} - \frac{1}{72 \cdot 2^9} - \cdots \right)$$

| Typische **Machin**sche Formeln | 1706-1776 |

$$\frac{\pi}{4} = 4 \cdot \arctan\frac{1}{5} - \arctan\frac{1}{239} \qquad \frac{\pi}{4} = \arctan\frac{1}{2} + \arctan\frac{1}{3}$$

$$\frac{\pi}{4} = 2 \cdot \arctan\frac{1}{2} - \arctan\frac{1}{7} \qquad \frac{\pi}{4} = 2 \cdot \arctan\frac{1}{3} + \arctan\frac{1}{7}$$

| Leonard **Euler** | ca. 1748 |

$$\frac{\pi^2}{6} = 1 + \frac{1}{2^2} + \frac{1}{3^2} + \frac{1}{4^2} + \frac{1}{5^2} + \dots, \quad \frac{\pi^4}{90} = 1 + \frac{1}{2^4} + \frac{1}{3^4} + \frac{1}{4^4} + \frac{1}{5^4} + \dots$$

$$\frac{\pi^2}{6} = 3 \sum_{m=1}^{\infty} \frac{1}{m^2 \binom{2m}{m}}$$

| Srinivasa **Ramanujan** | 1914 |

$$\frac{1}{\pi} = \sum_{n=0}^{\infty} \binom{2n}{n}^3 \frac{42n + 5}{2^{12n+4}}$$

$$\frac{1}{\pi} = \frac{\sqrt{8}}{9801} \sum_{n=0}^{\infty} \frac{(4n)!}{(n)!^4} \frac{[1103 + 26390\,n]}{396^{4n}}$$

| Louis **Comptet** | 1974 |

$$\frac{\pi^4}{90} = \frac{36}{17} \sum_{m=1}^{\infty} \frac{1}{m^4 \binom{2m}{m}}$$

| Eugene **Salamin**, Richard **Brent** | 1976 |

Sei $a_0=1$, $b_0=1/\sqrt{2}$ und $s_0=1/2$. Für k= 1, 2, 3, ... berechne

$$a_k = \frac{a_{k-1} + b_{k-1}}{2}$$

$$b_k = \sqrt{a_{k-1} b_{k-1}}$$

$$c_k = a_k^2 - b_k^2$$

$$s_k = s_{k-1} - 2^k c_k \qquad \text{Dann konvergiert } p_k \text{ quadratisch gegen Pi}$$

$$p_k = \frac{2a_k^2}{s_k}$$

Jonathan **Borwein** und Peter **Borwein** 1991

Sei $a_0=1/3$ und $s_0=(\sqrt{3}-1)/2$. Iteriere

$$r_{k+1} = \frac{3}{1+2(1-s_k^{\,3})^{1/3}}$$

$$s_{k+1} = \frac{r_{k+1}-1}{2} \qquad \text{dann konvergiert } 1/a_k \text{ kubisch gegen Pi}$$

$$a_{k+1} = r_{k+1}^{\,2}a_k - 3^k(r_{k+1}^{\,2}-1)$$

David **Chudnovsky** und Gregory **Chudnovsky** 1989

$$\frac{1}{\pi} = 12\sum_{n=0}^{\infty}(-1)\frac{(6n)!}{(n)!^3(3n)!}\,\frac{13591409+n545140134}{(640320^{\,2})^{n+1/}}$$

Jedes Reihenglied fügt durchschnittlich 15 Nachkommastellen an.

Jonathan **Borwein** und Peter **Borwein** 1989

$$\frac{1}{\pi} = 12\sum_{n=0}^{\infty}\frac{(-1)^n(6n)!(A+nB)}{(n!)^3(3n)!\,C^{n+1/2}}$$

für $A := 2121757710912\sqrt{61} + 1657145277365$

        $B := 13773980892672\sqrt{61} + 107578229802750$

        $C := [5280(236674 + 30303\sqrt{61})]^3$

Jedes Reihenglied fügt durchschnittlich 31 Dezimale hinzu.

Folgende Formel ist keine Identität mit Pi, aber sie entspricht Pi über 42 Milliarden Dezimale

$$\left(\frac{1}{10^5}\sum_{n=-\infty}^{\infty}e^{-\frac{n^2}{10^{10}}}\right)^2 = \pi$$

1985

Roy **North** 1989

$$4\sum_{k=1}^{5000000}\frac{(-1)^{k-1}}{2k-1} = 1415906535897932404626433832695028884197$$

Gregory Reihe für Pi auf 500000 Reihenglieder gekürtzt liefern 40 Ziffern

Lediglich die unterstrichenen Ziffern sind falsch

David **Bailey**, Peter **Borwein** und Simon **Plouffe** 1996

$$\pi = \sum_{n=0}^{\infty} \frac{1}{16^n}\left(\frac{4}{8n+1} - \frac{2}{8n+4} - \frac{1}{8n+5} - \frac{1}{8n+6}\right)$$

Eine umfassende Formelsammlung bietet Arndt in seinem Buch an. Die Leser und Leserinnen dürfen sich in Anbetracht der drei Seiten Formeln durchaus fragen, wie viele Formeln es noch gibt!

ANHANG – Nur circa 3500 Nachkommastellen von Pi

1415926535897932384626433832795028841971693993751058209749445923078164062862089986280348253421170679821480865132823066470938446095505822317253594081284811174502841027019385211055596446229489549303819644288109756659334461
2847564823378678316527120190914564856692346034861045432664821339360726024914127372458700660631558817488152092096282925409171536436789259036001133053054882046652138414695194151160943305727036575959195309218611738193261179
31051185480744623799627495673518857527248912279381830119491298336733624406566430860213949463952247371907021798609437027705392171762931767523846748184676694051320005681271452635608277857713427577896091736371787214684409012
24953430146549585371050792279689258923542019956112129021960864034418159813629774771309960518707211349999998372978049951059731732816096318595024459455346908302642522308253344685035261931188171010003137838752886587533208381
42061717766914730359825349042875546873115956286388235378759375195778185778053217122680661300192787661119590921642019893809525720106548586327886593615338182796823030195203530185296899577362259941389124972177528347913151557
48572424541506959508295331168617278558890750983817546374649393192550604009277016711390098488240128583616035637076601047101819429555961989467678374494482553797747268471040475346462080466842590694912933136770289891521047521
62568887671790494601653466804988627232791786085784383827967976681454100953883786360950680064225125205117392984896084128488626945604241965285022210661186306744278622039194945047123713786960956364371917287467764657573962413
8908658326459958133904780275900994657640789512694683983525957098258226205224894077267194782684826014769909026401363944374553050682034962524517493996514310429809190659250937221696461515709858387410597885959772975498930161
7539284681382686838689432744023037427586360250721799093410429809190659250937221696461515709858387410597885959772975498930161
7539284681382686838689

STOLPERPI

**Ralf Wuchner, Jahrgang 1971, ist Lehrer
für Mathematik, Physik und Chemie im bayerischen Günzburg.
Freiwilliger Denker gesellschaftlicher und menschlicher Zusammenhänge.**